INTERIOR DESIGN AND SPACE REPRESENTATION

室内设计与空间表达

田 原 编著

中国建筑工业出版社

图书在版编目(CIP)数据

室内设计与空间表达/田原编著. —北京:中国
建筑工业出版社,2008
ISBN 978-7-112-10526-7

I. 室… II. 田… III. ①室内设计 ②空间设计
IV. TU238 TU206

中国版本图书馆CIP数据核字(2008)第184374号

空间设计来自于人类对空间的需求,也来自于人类对艺术的渴望,空间设计艺术是实用艺术,它的主体是人,主体在空间中的体验活动成为验证设计优劣的标准,也是推动空间设计艺术向前发展的原动力。

本书收录了室内设计中十种空间的设计实例,从设计的角度分别由平面功能分区,使功能既有明确的范围规定,又不失空间的互动性、共享性。设计说明以设计师的语言去分析与表达。展示了独特设计创作理念,强烈的空间气氛,各空间根据功能的不同,风格各异,有的现代简约,有的古典典雅,有的异域风格,有的中国风格。黑白线稿体现出空间的形体特征。材质色彩分析方面,强调空间渗透与延伸的对话,利用色彩关系打破空间的单调,使空间更为灵动,鲜活。彩色效果图强调设计空间与空间、材料、功能的连续性及趣味性和层次感。本书可供室内设计从业人员参考使用。

责任编辑:费海玲
责任设计:崔兰萍
责任校对:王雪竹 关 健

室内设计与空间表达
INTERIOR DESIGN AND SPACE REPRESENTATION
田 原 编著

*
* 中国建筑工业出版社 出版、发行 (北京西郊百万庄)
各地新华书店、建筑书店经销
北京美光制版有限公司制版
北京缤索印刷有限公司印刷
*
开本:889×1194毫米 1/20 印张:10 插页1 字数:300 千字
2009年5月第一版 2018年2月第五次印刷
定价:68.00元
ISBN 978-7-112-10526-7
(17451)

CONTENT

室内 **设 计** 与 空 间 **表 达**

目录

如何使用这本书?

这本书主要解决两个
方面的问题

1.从室内设计的各个空
间的角度去解析设计

2.从设计效果图快速表
现的角度去分析表达

空间平面图示意

（只是一个简单的空间示意
图，并非准确的设计平面
图，会有一定的提示作用，
大部分是用马克笔绘的，部
分是在Photoshop中画的，也
有手绘和电脑合成的）

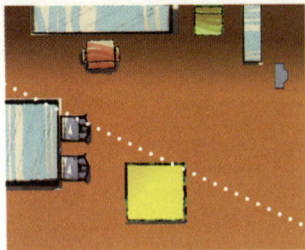

平面示意图

关于这部分所属的
空间内容

本书一共介绍十个空间

154

纸 张：硫酸纸/复印纸
工 具：绘图笔/滚珠笔

线 描 稿

（可以在硫酸纸或者复
印纸上绘制设计图，就
像画素描、速写一样，要
心里有数下笔才能清楚，
同时要把设计的空间界
面透视、光线、空间结构
关系用线表现出来）

有关线描稿用的
工具和纸张

色彩稿

(一般可以复印几张线描稿, 作色彩分析, 尝试最佳的方案. 这张图是用马克笔来描写彩色的空间关系, 在固有色的基础上还要注意环境色和光源色的关系)

图片说明

(有关该空间的说明: 这张图是商业空间、设计空间……)

该Loft空间为一个小型的画廊, 突出Loft空间的特点, 没有修饰的梁柱, 墙壁, 形式简洁, 色彩运用大胆, 局部选用红色的休息沙发和绿色的背景墙的互补, 张扬而不凌乱, 使空间显得更有层次感。局部的装置和地毯使整个空间的气氛更为活跃。

纸 张: 硫酸纸/复印纸
工 具: 绘图笔/滚珠笔、酒精马克笔、水溶彩色铅笔、高光笔

155

有关彩色稿用的工具和纸张

色彩分析

(这张图的色彩分析, 是画图时的色彩、比例关系的依据。可以作为用色参考。基本上空间的关系上要注意的是素描的黑白灰, 然后再根据材料和陈设设计的需要增加彩度, 或者是对比, 以及同类色渐变)

空间(space)是一个三维统一的连续体。我们这样说，是指有可能通过X、Y、Z这三个（坐标的）数字来描绘一个（静止）点的位置，并且在其附近有着无数的点，其位置能够用诸如X_1、Y_1、Z_1这样的坐标数来描绘，这跟我们选用的第一个点的坐标数X、Y、Z的值分别相同。由于后者的特征我们谈到"统一连续体"，并且由于存在三个坐标这一事实，我们就把空间说成是"三维的"。同样，被闵可夫斯基（Hermann, Minkowski）[1] 简称为"世界"的这个物理现象的世界，在时空意义上说自然就是四维的了。

空间三维坐标体系的三个轴X、Y、Z，在设计中具有实在的价值。X、Y、Z相交的原点，向X轴的方向运动，点的运动轨迹形成线，线段沿Z轴方向垂直运动，产生了面。在面的概念上进行的空间构图设计就是二维时空的造型设计。整面沿Y轴向纵深运动，又产生了体。在体的概念上进行的空间构图设计就是三维时空的造型设计。由于点、线、面的运动方向和距离的不同，体现出不同的形态，例如方形、圆形、锥形、自然形，等等。不同形态的单体和单体并置，形成集合的群体，群体之间的虚空，又形成若干个虚拟的空间的形态，因此，在实体与虚空的概念上进行的空间构图设计就是四维时空的造型设计。而我们这里所说的四维的空间的造型设计是以环境艺术的室内设计与景观设计为主要代表的，本书主要是涉及室内设计中的空间的设计传达。

面对运动着的物质世界，设计是人为运动对时空的造型，这就需要设计者具备意象的造型和实在的表达能力。设计者接受造型能力与表达能力的训练，能否在设计的领域游刃有余，取决于设计者理解空间概念的先天素质与生活环境熏陶的后天养成。人的后天素质是有着明显差异的，就空间概念来讲，一般在10岁左右开始，具有三维空间的意识。一般来讲，具备这种能力的人也就具备了学习设计方法的基础。空间概念的理解力当然也可以在后天的生活学习环境中培养。通常对于空间概念的确立和培养，更注重于受训者置身实际空间感受的速写与测绘训练，然而对于空间设计的艺术修养等的培养也是不容忽视的。

---

1 德国数学家，发展数字几何论，并使用几何法解数字论、数学物理学与相对论难题。其将三度实体空间与时间相结合的四度空间（后称闵可夫斯基空间）观念，奠定了爱因斯坦一般相对论的数学基础。

室内(Interior)，是指建筑的内部空间，组成室内的实质是空间而非建筑，也就是说室内的本质是空间，需要我们考虑设计的是空间。

INTERIOR

室内

DESIGN

设计

设计(Design)，是指将一种设计计划、规划、设计思维、问题的解决办法通过视觉的方式传达出来的活动过程。

INTERIOR DESIGN 室内设计

室内设计（Interior Design）[1]是专业室内设计师所关注的室内环境特征的领域，包括不同的色彩、纹理、家具、照明和空间等等，所以要求设计师根据建筑物的使用功能、地理环境和相应规定，运用现代技术手段和审美学原理，创造功能合理、舒适优美、满足人们物质和精神生活需要的室内环境艺术。所以，室内空间既要具有使用价值，满足相应的功能要求，同时也应反映历史文脉、装饰风格、环境气氛等精神要素。

在室内设计中我们所说的空间是四维的，在此给通常意义上的三维空间加上"时间"这一概念。时间意味着运动，抛开时间研究空间将是乏味的，没有意义的。自爱因斯坦"相对论"提出以后，人们对空间的认识有了深化，知道了空间和时间是同一物体的不同表达方式。空间是可见实体要素限定下所形成的不可见的虚体与感觉它的人之间所产生的视觉的"场"，是源于生命的主观感觉。而这种感受是和时间紧密联系在一起的，人们在室内环境中对空间的观赏，必然是一种动态的观赏，时间就是动态的诠释方式。人在室内空间中，就必然体验时间的流逝和空间的变化，从而构成完整的感观体验。空间的时间性在室内设计中是客观存在的一个因素，充分运用时间这"第四维"是创造动态空间形式的根本，也是创造"流动之美"的必经之路。

室内空间的概念不是一成不变的，而是在不断完善补充和创新。对于人的活动而言，室内是一个包容的空间，人在这个包容的空间中活动，其行为必定会受到某种限定。"空间一旦固定，也就有了限定生活方式的能力"[2]。 室内空间根据空间使用功能可以划分为居住空间和公共空间。居住空间在使用类型上有单元公寓、别墅、城堡庄园等形式；公共空间的内容丰富多样，使用类型复杂多元，包括商业空间、展览空间、工作空间、娱乐空间、旅游设施空间、医疗设施空间、教育设施空间、餐饮空间、特殊空间（Loft空间）等。

---

1 From http://en,wikipedia.org/wiki/Interior design,. Interior design is a practice concerned with different colors, textures, furniture, lighting, and space. All of these aspects are used by an interior designer to develop the most functional space for a building's occupants

2 小原二朗、加藤力、安藤正雄编，张黎明、袁逸倩译，高履泰校，室内空间设计手册：p31，中国建筑工业出版社，2000年

在现代社会,购物是人们日常生活的一个重要环节。商业环境成为一个巨大的竞争市场,经营者希望能吸引客人去购物,而客人则希望在购物的过程中得到实惠和享受,所以现代商业空间环境的机能已不仅仅包含展示性和服务性,还需要具有休闲性和文化性。一般包括商业步行街、百货商店、超级市场、购物中心、专卖店。

◎ 商业步行街是在道路两侧开设连串的店铺供人们散步购物的街道,这类空间有的用玻璃或其他材料连接两边的店铺,有的就是露天的商业街,但设计中一般禁止或部分禁止机动车驶入,或者限速,同时两侧常种植物、花坛、设有休息座椅、电话、垃圾箱等公共设施。

◎ 百货店源于19世纪中叶的法国,是以零售业为主、商品种类繁多的综合性购物空间,如百货大楼、百货大厦等。一般设计营业面积600平方米以上,设置五大类商品的销售部门。

◎ 超级市场源于20世纪30年代的美国,一般设计为自选购物的形式,具有一定的规模,价格低廉,内部设计简洁明快,有自己特有的形象和标志。同时营业时间较长,常设在人群聚集区,如车站、码头、住宅区等。

◎ 购物中心源于19世纪70年代的美国,追求一种高层次高享受的商业环境,设计的营业面积比较大,1500平方米以上。同时兼有餐饮、美容、娱乐设施等,设有大型的停车场。

◎ 专卖店(Exclusive Shop)是专门经营或授权经营某一主要品牌商品(制造商品牌和中间商品牌)为主的零售业。一般选址于繁华商业区、商业街、百货店、或购物中心内。营业面积根据经营商品的特点而定,以著名品牌、大众品牌为主,销售体现量小、质优、高毛利,采取定价销售和开架面售。注重品牌名声。从业人员必须具备丰富的专业知识,并提供专业知识性服务。

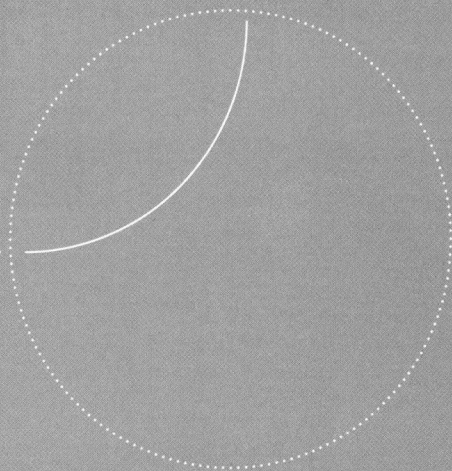

SHANGYE KONGJIAN 商业空间

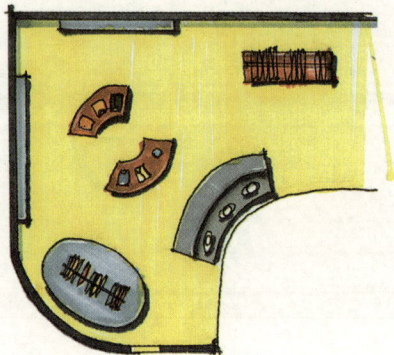

平面示意图

②

纸 张：硫酸纸/复印纸
工 具：绘图笔/滚珠笔

此商业空间是百货店中的一例服装专卖店Miss Sixty，空间的中心部位为弧形的吊顶和隔墙，给人以灵动的气息，方便购物人员的购物流线，服装的展架为红色，地面为明亮的黄色，红黄色彩的引入给空间注入了活力和生机，这样鲜亮的色彩使整个服装专卖店更加亮丽夺目，突出了商品针对年轻人的个性特点。

纸　张：硫酸纸／复印纸
工　具：绘图笔／滚珠笔、酒精马克笔、水溶彩色铅笔

该服装店的设计，柱子是原建筑空间中的承重构件，但在恰当的处理后被加以利用，柱子与木板的结合，巧妙地形成了人员休息地带，有效地利用了空间。同时重视顾客的流动空间和路线的合理性，整体氛围明快、清新。

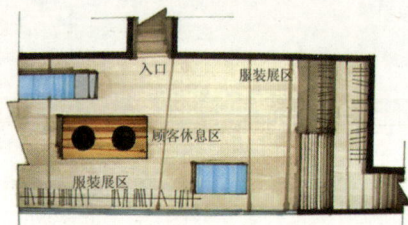

平面示意图

纸 张：硫酸纸／复印纸
工 具：绘图笔／滚珠笔

纸 张：硫酸纸／复印纸
工 具：绘图笔／滚珠笔、酒精马克笔、水溶彩色铅笔、高光笔

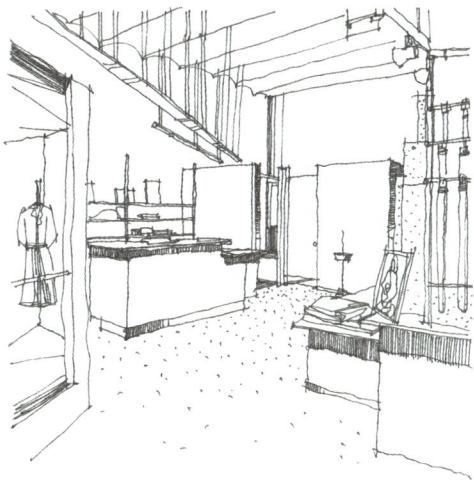

纸 张：硫酸纸/复印纸
工 具：绘图笔/滚珠笔

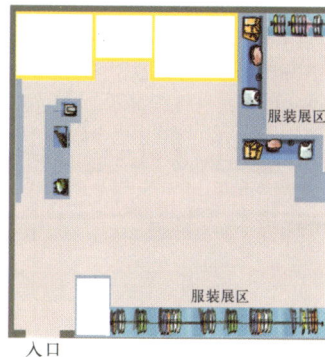

平面示意图

该商业空间以简洁优雅为特色，整体设计统一和谐，顶棚做简单的弧形吊顶。采用淡淡的色彩使空间不再单调，在满足功能要求的同时，空间划分合理，充满秩序感。长条吊灯的使用拉长了整个空间，使其显得更加宽敞明亮。

纸 张：硫酸纸/复印纸
工 具：绘图笔/滚珠笔、酒精马克笔、水溶彩色铅笔

5

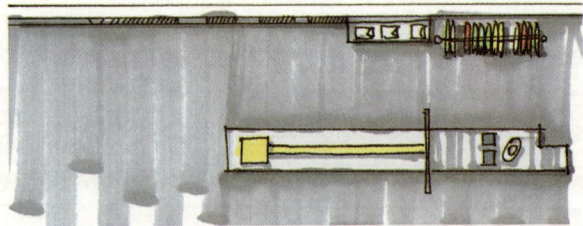

平面示意图

纸　张：硫酸纸/复印纸
工　具：绘图笔/滚珠笔

　　轻快亮丽的色彩，高低错落的吊灯，呈现出一种错落有致的现代感，体现了一种年轻人对自由的向往和渴望。背景墙面的造型既有储物展示的功能，又使空间充满了节奏感。主要的展台运用淡黄色、淡蓝色的对比，在展示的同时有效利用了这些恰到好处的小的分割空间。

纸　张：硫酸纸/复印纸
工　具：绘图笔/滚珠笔、酒精马克笔
　　　　水溶彩色铅笔

6

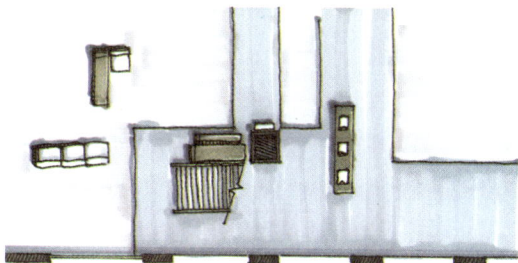

平面示意图

纸 张：硫酸纸/复印纸
工 具：绘图笔/滚珠笔、酒精马克笔、水溶
彩色铅笔、高光笔

纸 张：硫酸纸/复印纸
工 具：绘图笔/滚珠笔

该空间采用柱式结构，从空间功能本身出发，设计注重功能性和美观性，造型为极简风格，塑造了一个简洁、高雅的商业空间的氛围。材料主要是木质、石材，设计简洁中透着大气，大气中不乏细腻。在皮鞋展台的旁边设有白色皮质沙发休息椅，体现了"人性化"的设计原则。

7

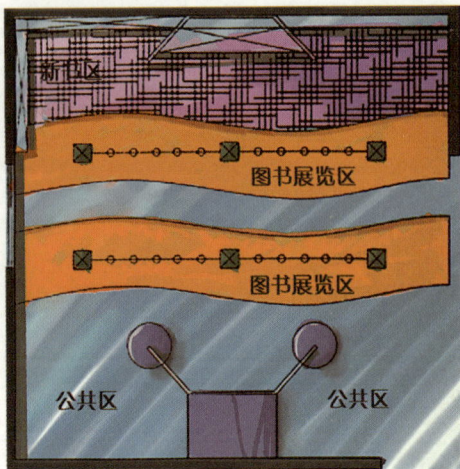

平面示意图

这是一个销售图书、CD、VCD等的商业空间，空间面积比较大，展柜位置分散。Silver Burdett Ginn的商业空间的特点是整体色彩运用蓝色和橙色的对比强烈，浓郁的色彩似乎描绘出了人们对知识的渴望。对比鲜明的地面图案的使用，拉长了整个购物空间。

纸　张：硫酸纸/复印纸
工　具：绘图笔/滚珠笔

Silver Burdett Ginn

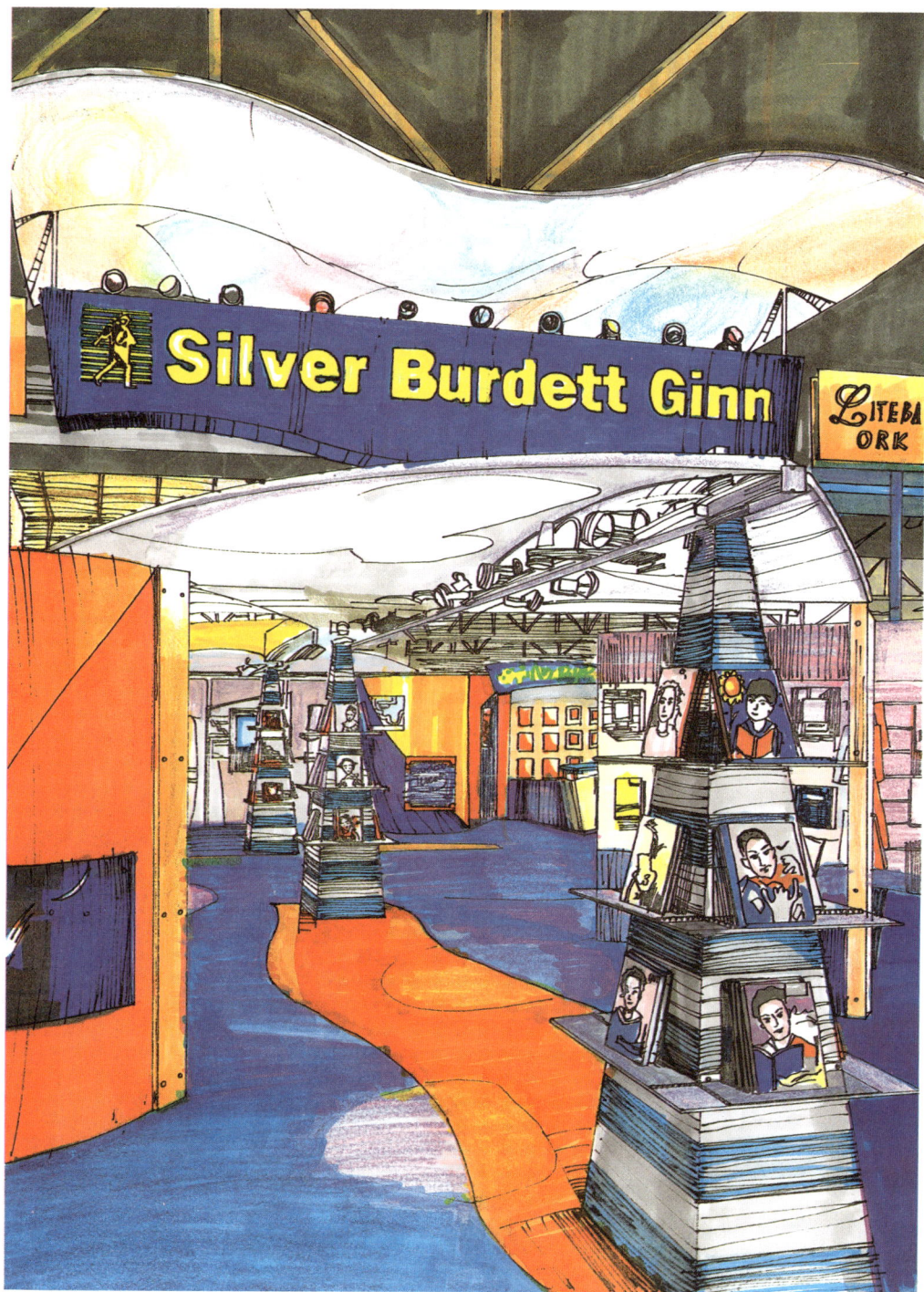

纸 张：硫酸纸/复印纸
工 具：绘图笔/滚珠笔、
　　　 酒精马克笔、
　　　 水性马克笔、
　　　 水溶彩色铅笔、
　　　 高光笔

纸　张：硫酸纸/复印纸
工　具：绘图笔/滚珠笔

平面示意图

　　该空间为大型百货商店的服装区，包括展示区、更衣区和过道，陈设搭配自然和谐。保留原建筑的弧形过道的设计给人以纵深感，同时又有引导的作用。空间色彩紫色和黄色的搭配充满想像与迷幻。

纸　张：硫酸纸/复印纸
工　具：绘图笔/滚珠笔、酒精马克
　　　　笔、水溶彩色铅笔、高光笔

平面示意图

该空间为高档内衣专卖，塑造了一种温馨感。组合式吊灯的选用在满足局部照明的同时，更给人以亲切感；设计的大幅海报灯箱广告装饰在购物空间的立面上，突出了设计专卖的专题性。整体色彩搭配和谐自然，清新爽朗。

纸　张：硫酸纸/复印纸
工　具：绘图笔/滚珠笔

纸　张：硫酸纸/复印纸
工　具：绘图笔/滚珠笔、水性马克笔、水溶
　　　　彩色铅笔、高光笔

11

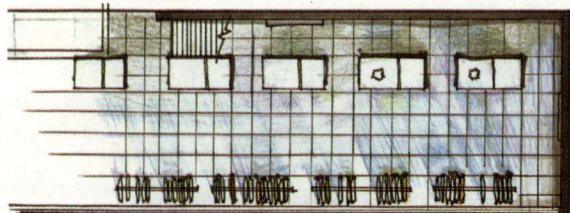

平面示意图

纸　张：硫酸纸/复印纸
工　具：绘图笔/滚珠笔

用单纯的材料处理空间界面，保持原建筑单纯的原生态，连续的形态和照明营造出美的理想，营造出空间的深远感和现代感，玻璃的冷静和水泥板的冷酷，简约而不失大气。整个空间的冷灰色调透着轻盈，容易使人产生幻想。

纸　张：硫酸纸/复印纸
工　具：绘图笔/滚珠笔、酒精马克笔、
　　　　水溶彩色铅笔、高光笔

平面示意图

纸 张：硫酸纸/复印纸
工 具：绘图笔/滚珠笔

该空间地面采用素水泥石片，背景的淡灰色墙面简朴的色调，衬托出服装的做工精细，设计典雅。橱窗设计，使橱窗外的人不仅可以欣赏展品，还可以透过橱窗看到商店内的景象，取得内外空间相互交融的效果。空间布局简单合理，清新明快。简洁的灯带作为重点照明，局部照明充分满足了空间对灯光的需要。

纸 张：硫酸纸/复印纸
工 具：绘图笔/滚珠笔、酒精马克笔、水溶彩色铅笔、高光笔

13

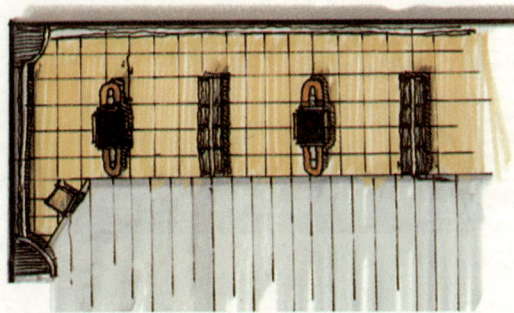

平面示意图

该店面旨在追求前卫的空间感受，暴露原建筑的顶棚，只是做局部吊顶，重点在灯光处理，不同区域使用不同的灯光表现形式。整个空间色彩采用弱对比手法，使空间更有生气。

14

纸 张：硫酸纸/复印纸
工 具：绘图笔/滚珠笔

纸 张：硫酸纸/复印纸
工 具：绘图笔/滚珠笔、酒精马克笔、水性马克笔、水溶彩色铅笔、高光笔

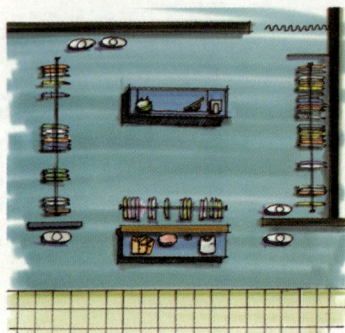

平面示意图

纸　张：硫酸纸／复印纸
工　具：绘图笔／滚珠笔

此空间为大型商场的专卖女装店设计，该空间设计充满秩序感。采用单纯的木质材料作界面处理，对称式分隔，恰到好处地平衡空间，同时采用鲜亮的黄色和蓝色对比色彩给空间注入了活力。

纸　张：硫酸纸／复印纸
工　具：绘图笔／滚珠笔、酒精马克笔、水溶彩色铅笔、高光笔

16

展示空间设计是一种高度专业化的室内设计。它首先考虑的是空间的人流组织，其次是二维的平面设计，包括展板、标志等。它要创意出能够迅速建成的室内空间环境设施，而这些设施又能在竞争性强甚至使人眼花缭乱的环境中有效地交流。这些设施大都有标准化模数，并有重新使用的价值。展览空间的临时性和短期行为有时会给设计者提供较大的自由度，以尝试一些带有刺激性的方案。但这些方案对其他一些使用期较长的工程来讲，很可能是不合适的。因此展览空间设计会是未来室内设计的主要设计内容之一。展示设计是一种人为环境的创造，空间规划就成为展示艺术中的核心要素。展示空间的基本结构由场所结构、路径结构、领域结构所组成，其中场所结构属性是展示空间的基本属性。因为场所反映了人与空间这个最基本的关系。

展示空间一般包括展览馆、博物馆、画廊等。

◎ 展览会是现代商业和贸易活动中的重要组成部分，展馆的设计已成为产品和材料制造商重要的销售窗口，既要展示产品，也要展示企业的服务和形象。为了维护展览会公共安全和公共秩序，各国、各地的展览会对展览设计、施工都会有各种各样的管理规定和限制。所以需要严格按照规定取材设计展馆。

◎ 博物馆的设计既要重视实用性也要重视纪念性。运用创造性的设计手段使得它们可与商业空间相媲美，戏剧性的布局和色彩创作既有文化教育价值又富有娱乐性的展览空间。博物馆主要由入口厅堂、展示空间、保管空间、研究空间和办公空间构成。

◎ 画廊在规模上比博物馆小，但也是通过空间、色彩和灯光的合理安排来展示陈列的艺术品。在界面设计上要求墙面简洁平整，局部设壁龛或一般设隔断来分割空间，顶棚力求满足设备功能。一般画廊还设有休息空间，便于参观者交流，同时便于商业洽谈。

……

此汽车展示空间的内部设计浑然一体，重复特殊造型立柱自下而上的设计使整个空间的体量感显得更加宏大，结合展台设计能很好地映衬出所展示汽车的绚丽效果，顶棚的设计简洁又有动感，巧妙地与立柱结合在一起。整个设计突出了现代感。

纸 张：硫酸纸/复印纸
工 具：绘图笔/滚珠笔

平面示意图

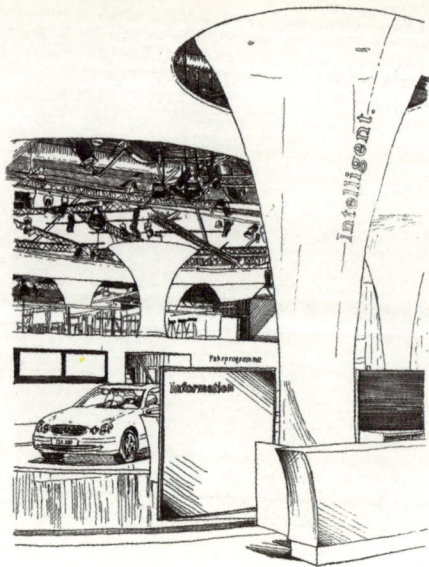

纸 张：硫酸纸/复印纸
工 具：绘图笔/滚珠笔、酒精马克笔、
　　　　水溶彩色铅笔、高光笔

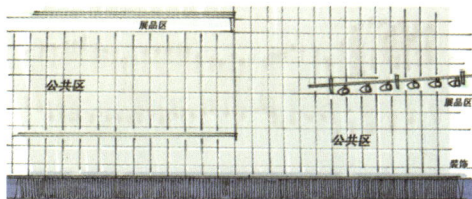

平面示意图

纸 张：硫酸纸/复印纸
工 具：绘图笔/滚珠笔

　　此空间属于高技派的设计手法，强调工业技术的特征。圆形的通道起到很好的引导作用，引导参观者进入展厅。运用透明的玻璃材质可以更好衬托出展品的色彩质感，尖形竖条与玻璃平面的搭配不仅有装饰效果，还起到了固定和分割作用。直线和圆形木质门的对比，也增加了展示空间的活力。

纸 张：硫酸纸/复印纸
工 具：绘图笔/滚珠笔、水性马克笔、水溶彩色铅笔、高光笔

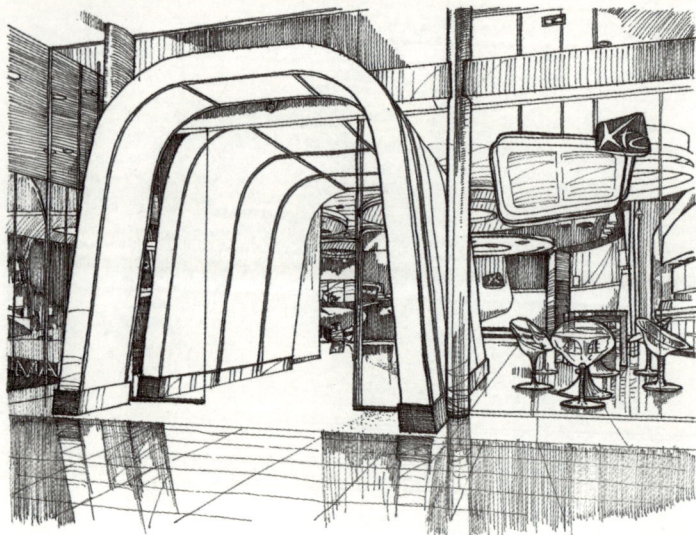

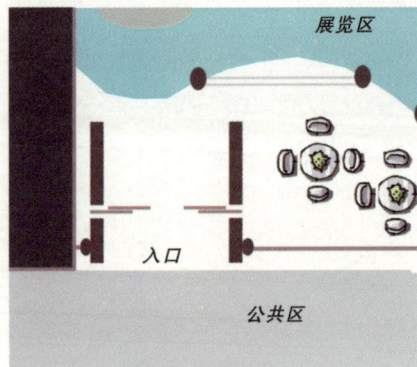

展览区

入口

公共区

纸　张：硫酸纸／复印纸
工　具：绘图笔／滚珠笔

平面示意图

　　此展示空间旨在营造一种现代时尚的感觉。透明的玻璃墙面加上装饰性很强的白色铝质的大门，使整个空间的动感与体量展现在一起，与空间外的地面也能互相影响，空间之间很好地相融在一起。采用反光的材料和色彩使展示空间产生明快和超越时空的效果。

纸　张：硫酸纸／复印纸
工　具：绘图笔／滚珠
　　　　笔、酒精马克
　　　　笔、水性马克
　　　　笔、水溶彩色
　　　　铅笔、高光笔

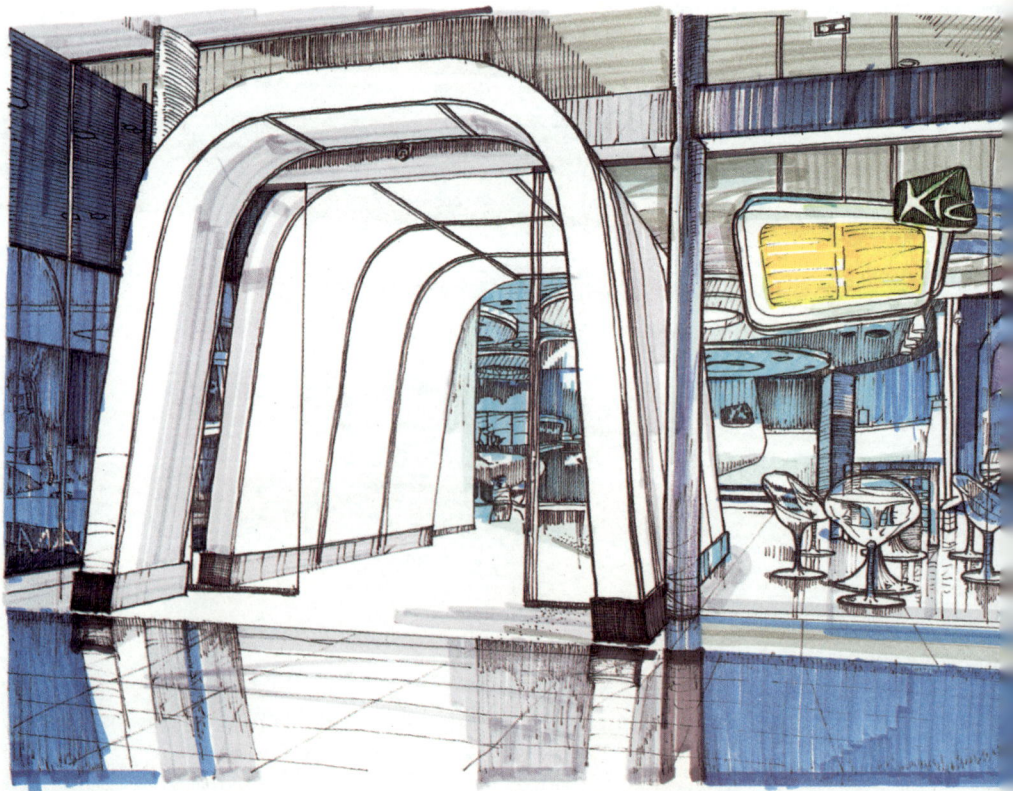

20

纸　张：硫酸纸/复印纸
工　具：绘图笔/滚珠
笔、酒精马克
笔、水溶彩色
铅笔

此空间是茶文化的展览馆，设计师以多元化表现形式展示内涵丰富的茶文化。"茶马古道"展厅中，主要以实景模拟及雕塑的形式再现"茶马古道"的恢弘。在现代茶叶加工展示厅，设置造型雕塑，用来陈列现代茶叶加工机器。雕塑的造型为一页展开的《茶经》长卷，现代制茶机器陈列其中，生动地再现茶叶加工流程。色彩方面运用灰色的石板地面和暗红色的木质墙面，突出茶文化的历史久远。

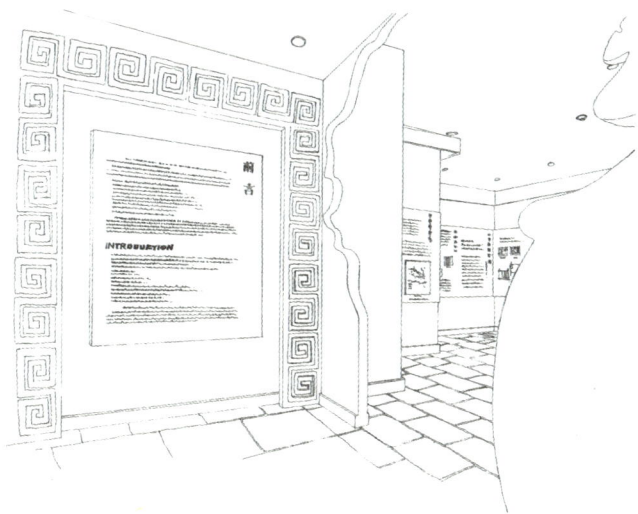

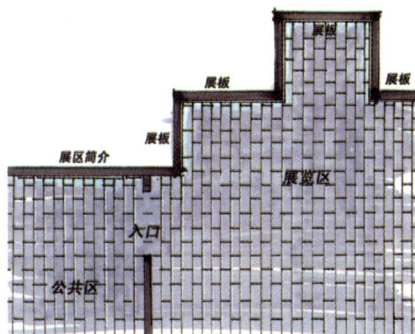

平面示意图

纸　张：硫酸纸/复印纸
工　具：绘图笔/滚珠笔

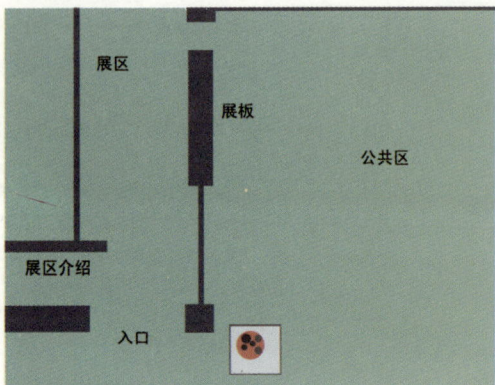

展区

展板

公共区

展区介绍

入口

平面示意图

纸　张：硫酸纸/复印纸
工　具：绘图笔/滚珠笔

展示空间

　　作为一个国际性茶文化博物馆，二层设立了"世界茶艺风采展厅"。设计师以实景模拟的形式，再现了世界各民族的茶文化。栩栩如生的展示场景，生动地传述着日本、韩国、英国，以及中国的汉族、藏族、傣族的茶道和茶俗。整面墙装饰着夜宴图灯箱，展示着茶文化的博大。

纸　张：硫酸纸/复印纸
工　具：绘图笔/滚珠笔、酒精马克笔、水溶彩色铅笔

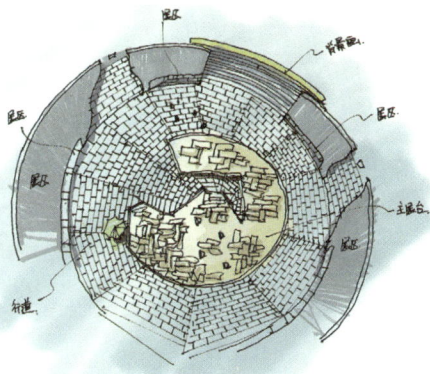
平面示意图

纸 张：硫酸纸/复印纸
工 具：绘图笔/滚珠笔

　　这是一个大型的自然博物馆的展示空间，巨型恐龙骨骼框架的展览空间中，地面的环境装饰模拟再现展品的生存环境，巨大的玻璃天窗使整个空间明亮简洁，而展品本身的结构形态也能更好地得到一种展现。

纸 张：硫酸纸/复印纸
工 具：绘图笔/滚珠笔、水性马克笔、水溶彩色铅笔、高光笔

23

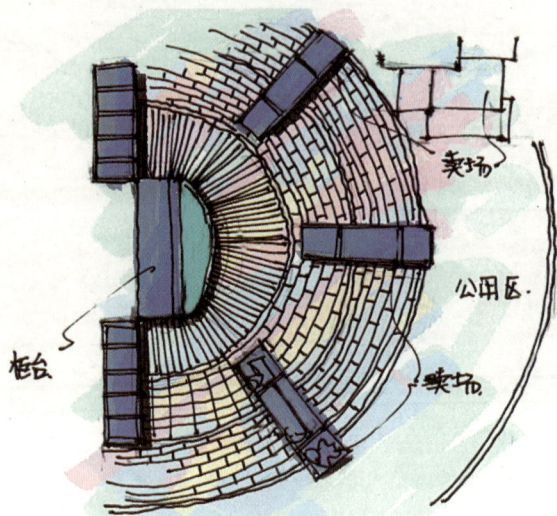

平面示意图

纸 张：硫酸纸／复印纸
工 具：绘图笔／滚珠笔

此空间意在营造一种舒适的展览馆中的展示购物空间。空间的划分使得产品能更好地分类，对人也能起到一种引导作用。展架向心式摆放，与发散式的地板铺装，使整个空间显得统一起来。

纸 张：硫酸纸/复印纸
工 具：绘图笔/滚珠笔、酒精马克笔、水溶彩色铅笔、高光笔

平面示意图

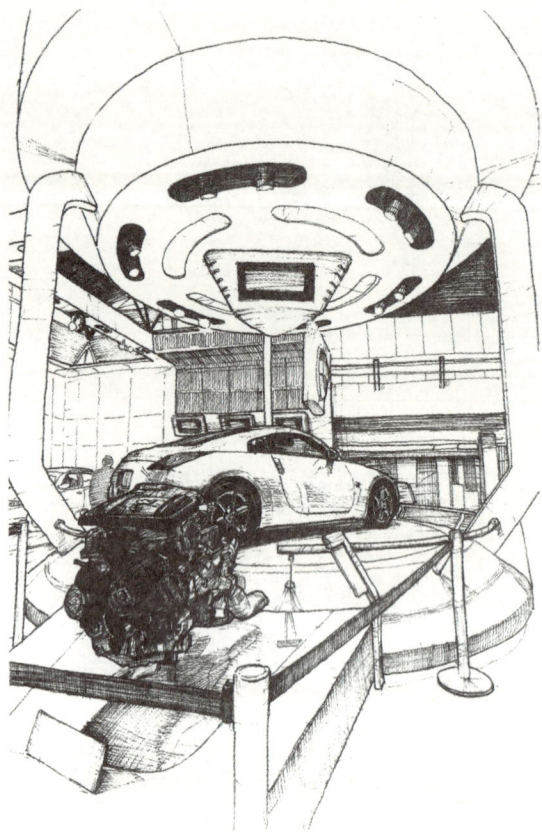

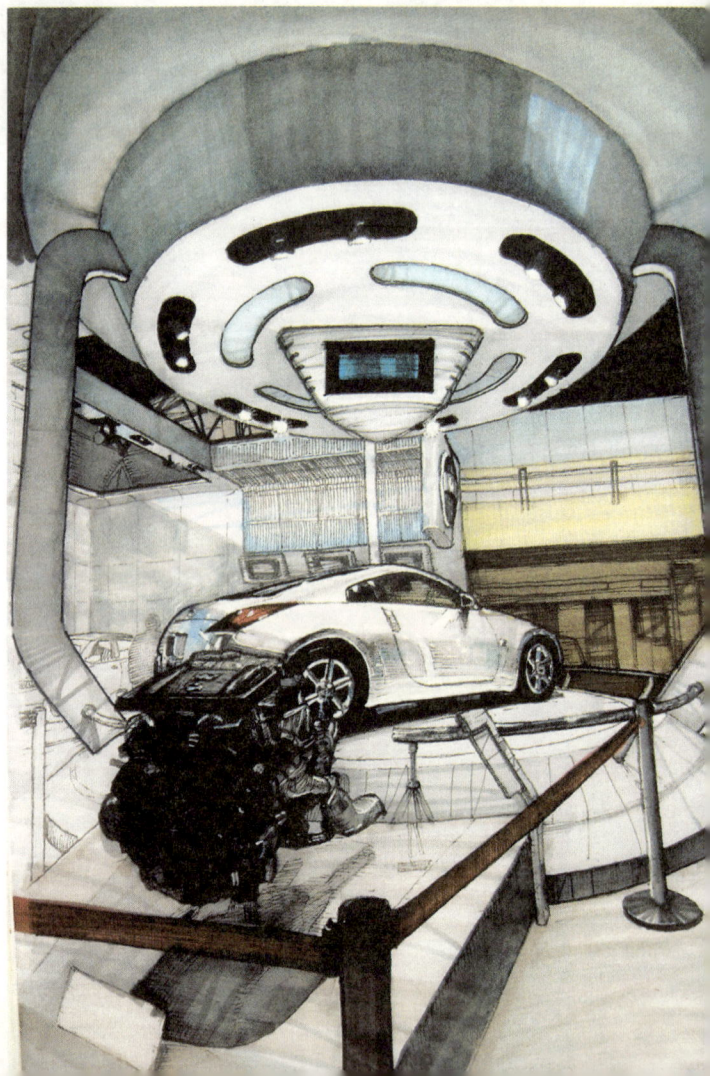

纸 张：硫酸纸／复印纸
工 具：绘图笔／滚珠笔

　　此空间为汽车展示空间，车身展示与发动机结合在一起，配以高耸的机械扁柱，使机械的美感发挥到极致，圆形的底盘上是一款豪华的跑车，顶棚的超现实的设计手法好像使人置身于外太空，黑白强烈的对比突出了展品本身的美感。

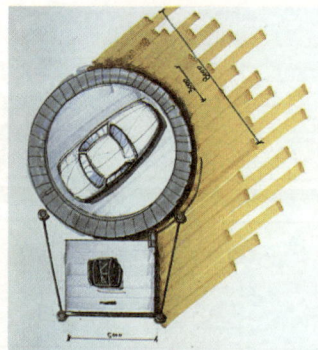

纸 张：硫酸纸／复印纸
工 具：绘图笔／滚珠笔、酒精马克笔、
　　　　水溶彩色铅笔、高光笔

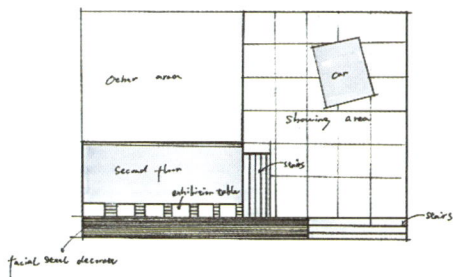

平面示意图

纸 张：硫酸纸／复印纸
工 具：绘图笔／滚珠笔

此空间为某品牌车的越野车系的展示空间，线条的装饰展现了一种动感，与汽车的速度搭配。巨大的标志也是一种吸引，使得爱车之人无法对其视而不见。标志的主体分割也很好地划分空间，更好地展现展厅中汽车的材质和做工。

纸 张：硫酸纸／复印纸
工 具：绘图笔／滚珠笔、酒精马克笔、水溶彩色铅笔

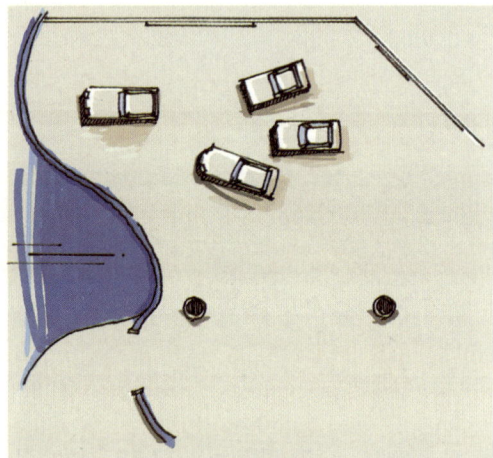

平面示意图

此空间运用大量的曲线线条使空间富有韵味。钢架结构的使用既能体现空间的曲线，营造出一种水的柔软的感觉，又由于金属材料本身的质感与空间功能完美地结合在一起，带给人们融入其中的舒适感，也很巧妙地划分了两个不同的空间。

纸 张：硫酸纸/复印纸
工 具：绘图笔/滚珠笔

纸　张：硫酸纸/复印纸

工　具：绘图笔／滚珠
　　　　笔、酒精马克
　　　　笔、水溶彩色铅
　　　　笔、高光笔

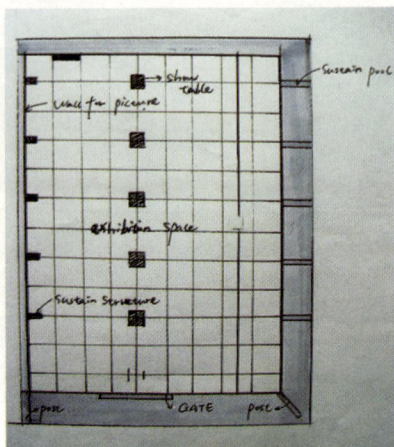

平面示意图

纸　张：硫酸纸／复印纸
工　具：绘图笔／滚珠笔

展示空间

Waitec的展示空间引导式展示流线，此空间在色彩和形态上的设计使其从整个大空间中凸现出来，直线与圆弧的立面因其色彩显得很有活力，暖色的背景展示设计更好地吸引人们对Waitec高科技产品的视线。在整个空间中也并不显得突兀，与空间的结合很融洽，增添了整个大厅的趣味。

纸　张：硫酸纸／复印纸
工　具：绘图笔／滚珠笔、
　　　　酒精马克笔、水溶
　　　　彩色铅笔、高光笔

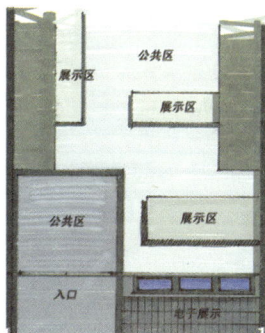

平面示意图

此电子产品展示空间营造了一种个性的空间氛围，透过玻璃门可以看到空间内部的一切，也激发了人们的兴趣，内部装饰的搭配显示出整个空间的艺术个性，而展品的摆放更起到了划分空间的功能，空间设计明亮，具有现代感。

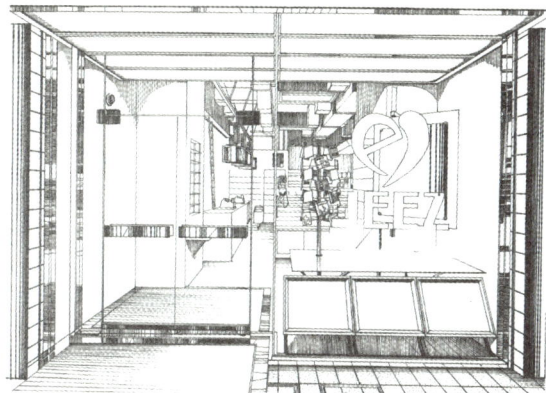

纸　张：硫酸纸／复印纸
工　具：绘图笔／滚珠笔

纸　张：硫酸纸／复印纸
工　具：绘图笔／滚珠笔、酒精马克笔、水溶彩色铅笔、高光笔

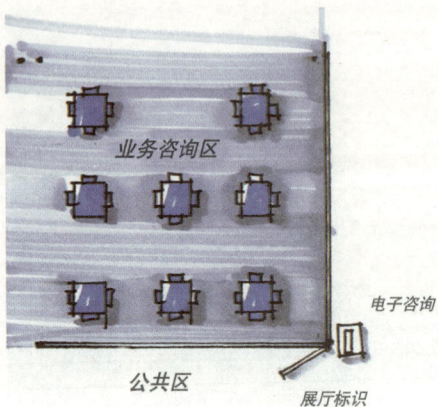

业务咨询区

公共区

电子咨询

展厅标识

平面示意图

此展示空间的设计能立刻吸引人们的视线，几何形的网状钢架，加上重复的白色方块形体构成了一个完整的装饰空间，显得很大气也富有节奏感，而标志字母的加入则增添了活力的情趣，以及与整个展示空间的个性。

纸 张：硫酸纸/复印纸
工 具：绘图笔/滚珠笔

纸 张：硫酸纸/复印纸
工 具：绘图笔／滚珠
笔、酒精马克
笔、水溶彩色
铅笔、高光笔

展示空间

32

当今现代化的办公空间打破了以往那种单调、沉闷的格局,人们已经认识到对办公环境设计的必要性。来访者根据他们对办公室设计的印象,会形成对这家公司的第一感觉。员工可以在良好的办公空间中全身心地投入工作。设计大型公司和大型现代化办公机构(如政府机构)的办公空间要求很高,专业化程度也很高,已成为室内设计行业的一个重要领域。办公空间的室内设计适当设置室内绿化,布局上适当柔化室内环境的处理手法,有利于调节办公人员的工作情绪,提高工作效率,设计时要确定办公空间室内的布局大小及形式,必须依据其功能、办公人员的组成、整体办公环境的风格和该公司或组织的目标来加以协调,适当选用灵活可变的、模糊型的办公空间划分,具有较好的适应性。办公室内设施、信息、管理等方面,应该充分重视运用智能型的现代高科技手段。

随着社会经济的发展,各种企业性公司应运而生,现代办公空间越来越受到人们的重视,已初步形成了一个独特的空间类型。一般来讲,现代办公空间主要由如下几个部分组成:接待区、会议室、总经理办公室、财务室、员工办公区、机房、贮藏室、茶水间、休息室等等。

◎ 接待区是办公空间中最重要的一个空间,是现代办公空间装修设计的重点,它主要由接待台、企业标志、等待区等部分组成。接待区是一个企业的脸面,其空间设计要反映出一个企业的行业特征和企业管理文化。在客人休息区内一般会放置沙发、茶几和供客人阅读的报刊,同时企业还会利用接待区向客户宣传企业的管理方针和企业的宗旨,等等。

◎ 会议室也是现代办公空间装修设计的重点。一般来说。每个企业都有一个独立的会议空间。主要用于接待客户和企业内部员工培训会议之用。会议室中应包括会议桌椅、饮用水,还要设置白板(屏幕)等书写用设置。有的还配有自动转印设备、电动投影设备,等等。

◎ 总经理办公室要反映总经理的一些个人爱好和品位,同时要能反映一些企业文化特征。在现代办公空间设计时也是一个重点。一般由会客(休息)区和办公区两部分组成。会客区由小会议桌、沙发、茶几组成,办公区由书柜、办公桌、1把办公椅、1~2把客人椅组成。

BANGONG KONGJIAN 办公空间

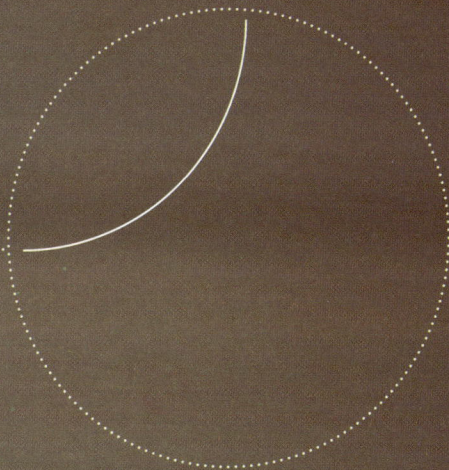

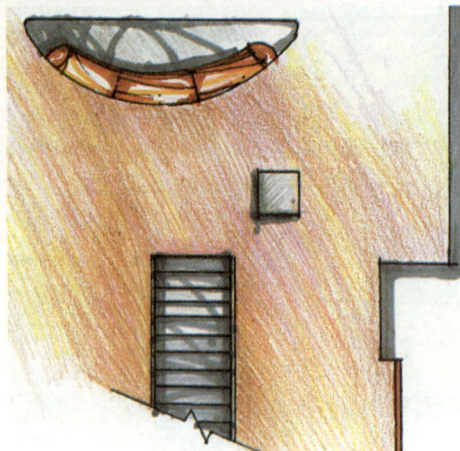

平面示意图

　　整体办公环境的风格应根据公司或组织的目标来加以协调，选用灵活可变的、模糊型的办公空间划分具有较好的适应性。因此自动贩卖机被安置在一个钢制板条隔间的后方，并喷涂为经典的汽车色彩。这里不仅有Ferrari的鲜红色，还有Ducati的黄色、Shelby Cobra的蓝色、Mercedes-Benz的银色、Jaguar的绿色、Lamborghini的橙色，以及Ford的碧绿色。五彩斑斓的色彩和异型吊顶使空间在横向和纵向均得到了延伸。有限的空间提供了无限的视觉感受，大块玻璃的使用更增强了整体空间的通透感。其橘色条纹从白色顶部（Corian材料饰面）蜿蜒而下，而一些如"火柴盒般"飞驰的汽车模型却停靠在空间的另一端。

34

纸　张：硫酸纸／复印纸
工　具：绘图笔／滚珠笔

纸　张：硫酸纸/复印纸

工　具：绘图笔／滚珠
　　　　笔 、 酒 精 马 克
　　　　笔、水溶彩色铅
　　　　笔、高光笔

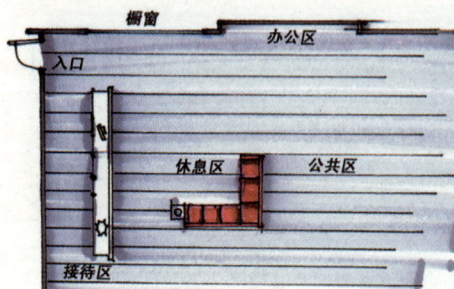

平面示意图

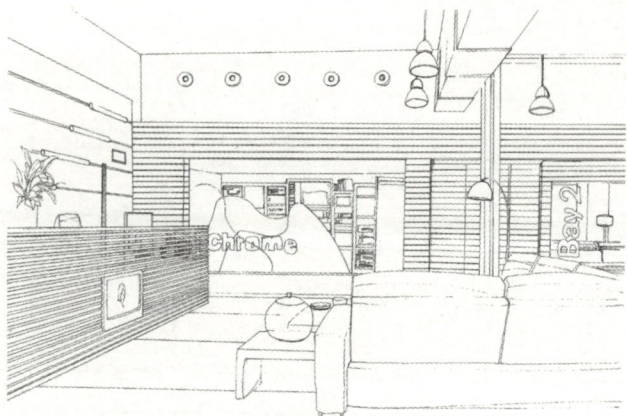

纸 张：硫酸纸／复印纸
工 具：绘图笔／滚珠笔

这一办公空间的门厅设计色彩缤纷而独特，能够充分体验出广告公司充满创造性和活力的工作环境。使用的面板材料十分和谐，能够反映出建筑的最初用途。对于满怀历史记忆的传统建筑进行了充满想像力的再次利用，在铭记过去的同时也反映了未来。

纸 张：硫酸纸／复印纸
工 具：绘图笔／滚珠笔、酒精马克笔、水溶彩色铅笔、高光笔

36

纸 张：硫酸纸／复印纸
工 具：绘图笔／滚珠笔

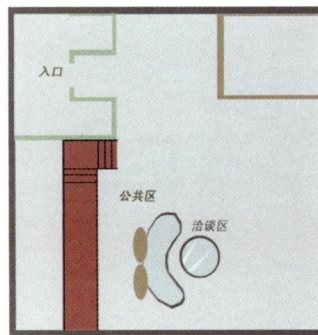

平面示意图

入口

公共区

洽谈区

纸 张：硫酸纸／复印纸
工 具：绘图笔／滚珠笔、酒精马克笔

　　开阔高耸的空间暴露原建筑顶棚的同时，为满足功能而做局部吊顶，让人浮想联翩的背景墙、简约现代流线性的沙发，使整个空间与众不同。色彩使用年轻时尚，这里将成为年轻人发挥想像的地方。整体空间在纵向和横向均得到延伸。

平面示意图

　　该空间为个人工作室里的一个休息空间，原建筑的梁柱保留原样，突出建筑的空间结构，加宽柱子做的景观空间增加了空间的动感，注重整体环境和色调的把握，选用黑色的背景使空间整体色调更加稳重，同时又通过照明给空间注入了活跃气氛。

纸　张：硫酸纸/复印纸
工　具：绘图笔/滚珠笔

办公空间

38

纸 张：硫酸纸/复
印纸
工 具：绘图笔/滚
珠笔、酒
精马克笔

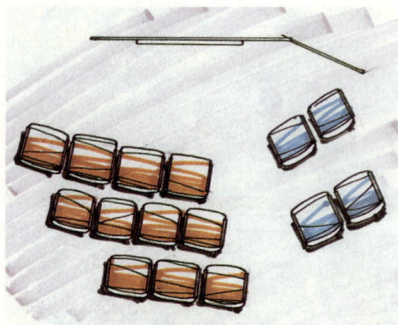
平面示意图

该空间为办公空间的开放式会议室，设计融入整体的特色充满了自然的气息，以木材为主要装饰材料，不同深浅的木质材料来装饰分隔这个高科技的办公空间，同时以座椅的摆放来划分空间。整体色彩在对比中充满和谐。

纸 张：硫酸纸/复印纸
工 具：绘图笔/滚珠笔

纸 张：硫酸纸/复印纸
工 具：绘图笔/滚珠笔、酒精马克笔、水溶彩色铅笔、高光笔

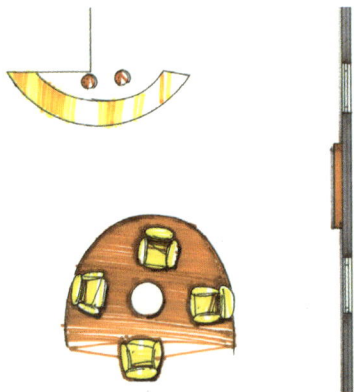

平面示意图

纸　张：硫酸纸/复印纸
工　具：绘图笔/滚珠笔

纸　张：硫酸纸/复印纸
工　具：绘图笔/滚珠笔、酒精马克笔、水溶彩色铅笔、高光笔

该办公空间接待空间中每一处都充满设计创意，功能区域划分明确合理，同时使用大量几何元素增添了空间的情趣。地面是原来的木地板刷黑色，钢架结构在这里凸显，老建筑的砖木结构裸露，淋漓尽致地体现了公司高效快速的运营机制。整个空间仿佛是设计师把这个老建筑的时光在空间里随意地雕凿了几下。

41

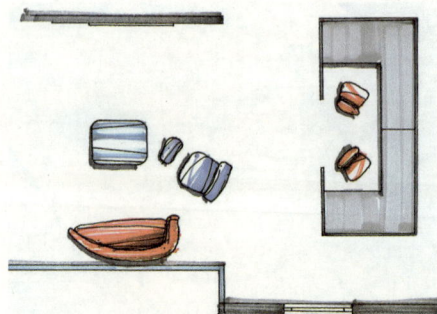

平面示意图

充满创意的电台办公会客厅，墙面和地面出乎意料的少用直线，这使得空间设计既时髦又恰如其分，椭圆形的吊顶增强了空间的进深感。家具采用现代时尚的红色沙发，提升了空间的层次与情趣，能够满足不同阶层人士的精神需求。居室化的家具选用为办公空间增添了温馨浪漫的情趣。

纸　张：硫酸纸/复印纸
工　具：绘图笔/滚珠笔

纸　张：硫酸纸/复印纸
工　具：绘图笔/滚珠笔、酒精马克笔、水溶彩色铅笔、高光笔

42

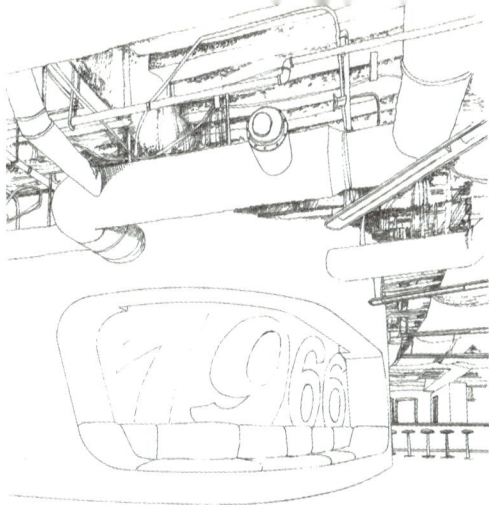

法拉利（Ferrari）红的电梯大厅和入口通道为空间的主基调，空间中装有与顶灯一样的圆形铬合金垂饰灯具。任何标志都显得多余。在远处，巨大的流线型造型占据着这个"超大空间"。其橘色条纹从白色顶部蜿蜒而下，而一些如"火柴盒般"飞驰的汽车模型却停靠在空间的另一端。35英尺长的接待台具有相似的流线造型，它背靠一面白色的超大图形墙壁。墙壁被漆成酸黄色或靛青色。红色乙烯塑料饰面的软长椅犹如一辆老式汽车的后座。

纸 张：硫酸纸／复印纸
工 具：绘图笔／滚珠笔

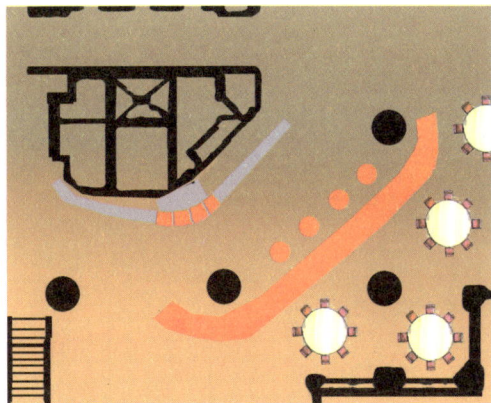

平面示意图

纸 张：硫酸纸／复印纸
工 具：绘图笔／滚珠笔、酒精马克笔、水溶彩色铅笔

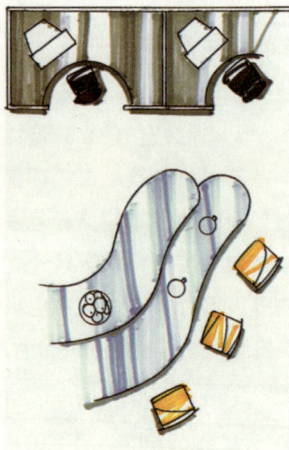

平面示意图

纸 张：硫酸纸/复印纸
工 具：绘图笔/滚珠笔、酒精马克笔、水溶彩色铅笔、高光笔

纸 张：硫酸纸/复印纸
工 具：绘图笔/滚珠笔

此空间为开放式办公空间的休息空间，空间设计的独特之处在于连续曲线形吧台的设计，该设计不仅能够节省空间，而且为人们提供了充足的休息座椅，使有限的空间得到了有效的利用。顶棚的处理采用简洁的直线使空间上下形成鲜明的对比，增强了空间的节奏感。

置身于该办公空间，使人们似乎回到了工业化的时代。钢架结构的顶棚，体现一种理性高效的思维方式。空间布局合理，直线与曲线并存于同一个空间，墨绿色的塑料地板使空间显得更加沉稳，木材、不锈钢并用，色彩明快，在对比中透露和谐。家具的选用独特而新颖，整个空间处处都被精心地设计过。

纸　张：硫酸纸/复印纸
工　具：绘图笔/滚珠笔

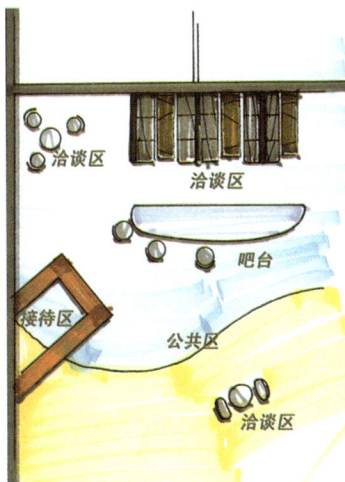

洽谈区
洽谈区
吧台
接待区
公共区
洽谈区

平面示意图

纸　张：硫酸纸/复印纸
工　具：绘图笔/滚珠笔、酒精马克笔、水溶彩色铅笔、高光笔

此空间为办公空间的过渡空间——走廊，保留原建筑的梁柱，在节省造价的同时又有现代感。墙面地面都选用素色石材作为主要的装饰材料，使整体空间更加冷静。选用灰白的高雅色彩体现出办公空间的严谨。

纸　张：硫酸纸／复印纸
工　具：绘图笔／滚珠笔

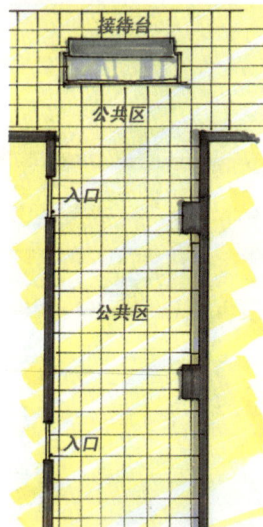

平面示意图

纸　张：硫酸纸／复印纸
工　具：绘图笔／滚珠笔、酒精马克笔、
　　　　水溶彩色铅笔、高光笔

纸 张：硫酸纸／复印纸
工 具：绘图笔／滚珠笔

纸 张：硫酸纸／复印纸
工 具：绘图笔／滚珠笔、酒精马克笔、
水溶彩色铅笔、高光笔

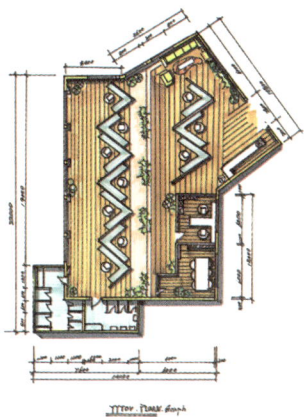

原建筑的落地长窗的引入是该空间的一个亮点，"Z"字形的办公区域连成一片，既分割了空间，又给每个工作单元以独立的私密性空间。采用开敞式的顶棚设计，使空间在纵向得到了延伸。

平面示意图

平面示意图

该空间最大的特点是开阔敞亮，采用木格栅喷漆作为顶棚处理，与开阔的空间形成对比。木质旋转楼梯的引入使空间产生灵动气息。背景墙设有竹子作为绿色景观，又使空间显得十分雅趣，沙发选用明亮的黄色为空间注入了生机与活力。

办公空间

48

纸 张：硫酸纸/复印纸
工 具：绘图笔/滚珠笔

纸 张：硫酸纸/复印纸
工 具：绘图笔／滚珠
笔、酒精马克
笔、水溶彩色
铅笔

平面示意图

纸 张：硫酸纸/复印纸
工 具：绘图笔/滚珠笔

弧形的正红色隔断墙设计成为该空间的一大特色，摆脱了以往的冷色调办公空间的传统空间观念。布局简单、合理有致。不规则的弧形隔断为空间增加了情趣，黄色的工作台更利于激发员工的工作热情。

纸 张：硫酸纸/
　　　复印纸
工 具：绘图笔/
　　　滚珠笔、
　　　酒精马克
　　　笔、水溶彩
　　　色铅笔、高
　　　光笔

纸 张：硫酸纸/复印纸
工 具：绘图笔／滚珠
　　　 笔、酒精马克
　　　 笔、水溶彩色
　　　 铅笔、高光笔

　　该空间为整齐有序的办公空间，采用玻璃隔断作为每个工作位的分隔，明亮的黄色长沙发和沙发座椅，既打破了以往办公空间的传统、沉闷的格局，同时流露出青春与活力。采用石膏板吊顶，简约中不失大气。

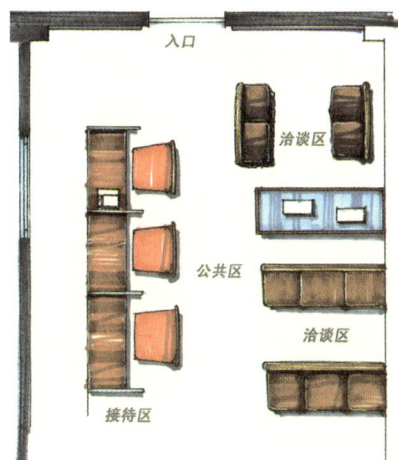

平面示意图

纸 张：硫酸纸/复印纸
工 具：绘图笔／滚珠笔

这是一个奇异怪诞的办公空间，设计独特而新颖。色彩运用大胆，对比强烈。圆角的造型作为一个小的办公单元，同时分隔了室内空间。顶棚处理采用玻璃穹顶的形式向室外延伸，为室内提供了良好的自然采光条件。

纸 张：硫酸纸/复印纸
工 具：绘图笔/滚珠笔

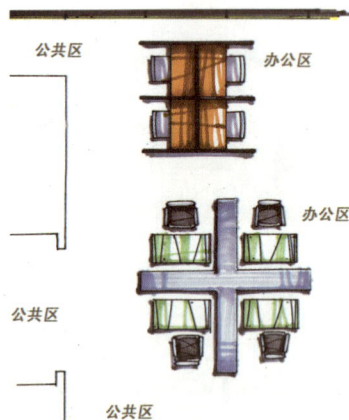

公共区　　　　办公区

办公区

公共区

公共区

平面示意图

纸 张：硫酸纸/复印纸
工 具：绘图笔/滚珠笔、酒精马克笔、水溶彩色铅笔、高光笔

该空间在空间划分上具有鲜明的导向性，简洁的接待台采用大红的主色调，产生强烈的视觉效果，直接吸引人们的眼球。玻璃隔断墙使内部空间通灵剔透。整体设计现代感很强。

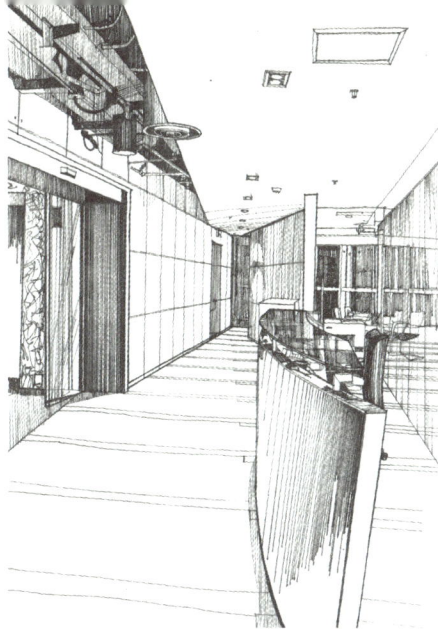

纸 张：硫酸纸/复印纸
工 具：绘图笔/滚珠笔

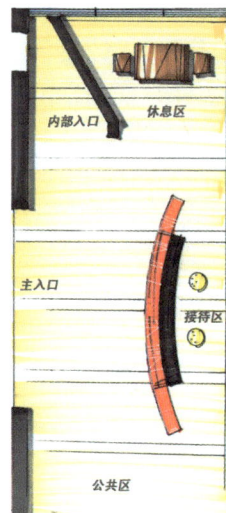

内部入口　休息区

主入口

接待区

公共区

平面示意图

纸 张：硫酸纸/复印纸
工 具：绘图笔/滚珠笔、酒精马克笔、水溶彩色铅笔、高光笔

纸 张：硫酸纸/复印纸
工 具：绘图笔/滚珠笔

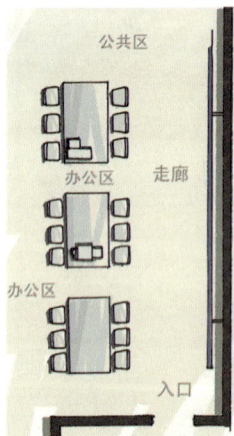

平面示意图

该空间以蓝和灰色作为主色调，是一个充满冷静与理智办公空间。以一系列的办公桌椅作为划分空间的单元，布局合理有致，充满秩序感。开敞的顶棚设计使空间更加高耸、开阔。

纸 张：硫酸纸/复印纸
工 具：绘图笔/滚珠笔、酒精马克笔、水溶彩色铅笔

该空间为玻璃圆形会议室，简洁大方，外墙采用玻璃幕墙为室内提供了良好的采光条件。圆形的平面布局使空间显得更加宽敞，与顶面的圆顶吊顶设计遥相呼应。

纸　张：硫酸纸/复印纸
工　具：绘图笔/滚珠笔

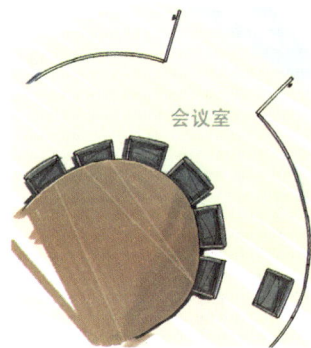

会议室

平面示意图

纸　张：硫酸纸/复印纸
工　具：绘图笔/滚珠笔、酒精马克笔、
　　　　水溶彩色铅笔、高光笔

该空间设计简洁却充满了艺术家的气息，从色彩、灯具和家具的选用、墙面的局部装饰等方面体现出了独特原始的设计风范。独特中透露着简朴，简朴中体现着设计师的活跃思维。整体色彩在对立与统一中体现出和谐。不锈钢架玻璃桌椅和木质的桌椅形成对比。

纸 张：硫酸纸/复印纸
工 具：绘图笔/滚珠笔

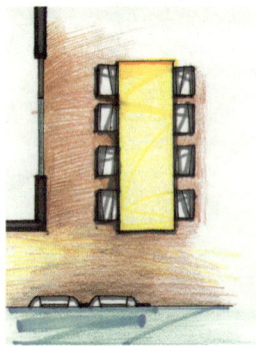

平面示意图

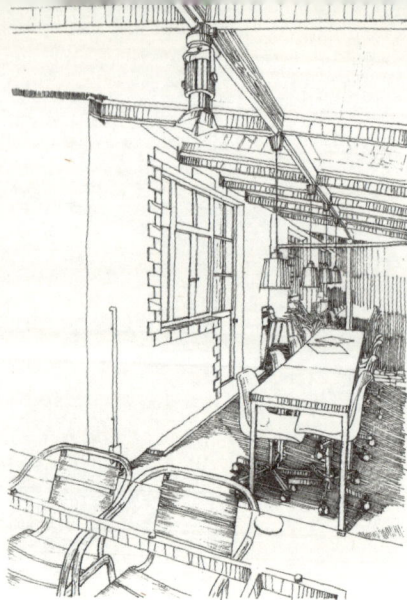

56

纸 张：硫酸纸/复印纸
工 具：绘图笔/滚珠笔、酒精
　　　马克笔、水溶彩色铅
　　　笔、高光笔

这类空间一般是室内设计师比较喜欢参与的一种空间类型，因为它有着较大的自由度，便于设计师发挥自己的个人色彩。但是设计中要充分做好娱乐空间的流线设计，最大可能地发挥其娱乐性。娱乐空间一般包括歌舞厅、洗浴中心、健身中心、美容美发中心、棋牌室、游戏室，等等。

◎ 歌舞厅是一种常见的娱乐空间，大体包括普通歌舞厅、迪斯科舞厅、夜总会等几种形式。室内装饰风格多样，设计舞厅要处理好空间的流线关系，特别是舞池、舞台、吧台、休息座、KTV包房、音控室、化妆室和卫生间等的空间关系。功能分区上要明确，视觉重点一般都围绕着舞台，突出空间的主题，从而达到欢快、活泼的动态氛围。其中灯光、色彩的处理是突出在暗光源下的效果，材料的选用也要考虑减少噪声和声锁作用。

◎ 洗浴中心是人们娱乐、交友、休闲的地方。一般来讲，洗浴中心的经营范围包括洗浴、美容、健身、休闲、餐饮等内容。洗浴中心一般设有港式桑拿、日式足道、韩式石头健身、藏式药浴及东南亚水疗等不同特色的服务。设计从功能上按照顾客活动流程的先后，设置设备间、功能分区。主要分为洗浴区和休息区，一般同时设有游泳池。洗浴区、游泳区和休息区在设计选材方面偏重于使用功能，所以在设计中要选择防滑的地面材料，还要选防潮易清洁的材料，同时要巧妙地处理色彩、灯光、背景音乐、陈设、植物等的关系，力求塑造一个整体风格统一的空间氛围。休息区经常还设有美容、按摩、视听室等。

◎ 健身中心和洗浴中心的设计有很多相似之处，同时在功能安排及设计中都有许多契合点，健身中心也大都设有休息区、洗浴区、健身区，但是设计分区的比例不同，主要侧重于健身区部分。设计的色彩多为明快简洁，材料多选用中档材料。

◎ 娱乐中心，和洗浴中心、健身中心一样，基本涵盖了所有洗浴中心、健身中心的所有娱乐项目，同时可能利用地域特色增添一些娱乐性更强的特点，设计上要考虑更多的娱乐特色。材料色彩的选用可以更加多样性，以满足设计的风格和空间的多样性。

该空间属于回归自然派，充分利用植物形态，将大自然气息引入室内，空间的柱子、座凳、窗户的造型均采用海底植物的抽象形态。色彩的使用更加强化了这一理念。

入口

平面示意图

纸　张：硫酸纸／复印纸

工　具：绘图笔／滚珠笔

纸 张：硫酸纸／复
印纸

工 具：绘图笔／滚
珠笔、酒精
马克笔、水
溶彩色铅笔

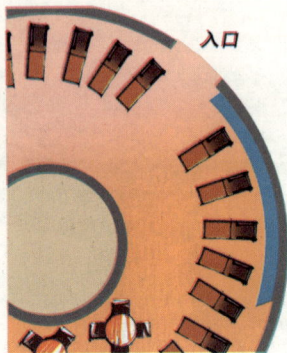

入口

平面示意图

纸 张：硫酸纸/复印纸
工 具：绘图笔/滚珠笔

娱乐休闲空间

该空间为健身娱乐空间而设计，采用弧形的平面布局，使空间更加空阔灵动，为人们提供了广阔的活动空间，吊顶的造型呈辐射状，为空间注入了动感与活力。整体色彩轻盈剔透。

60

纸 张：硫酸纸/复印纸
工 具：绘图笔/滚珠笔、酒精马克笔、水溶彩色铅笔、高光笔

该空间是一个娱乐空间中的酒吧，弧线型的吊顶设计引人入胜，造型夸张而充满趣味。弧形的吧台设计与顶棚吊顶遥相呼应。地砖的选用使空间充满了灵动与欢快。整体色调和谐统一，素雅而平静。材料选用玻璃、不锈钢，同时配合一些局部墙面的色彩装饰，使空间极具现代感。

纸　张：硫酸纸／复印纸
工　具：绘图笔／滚珠笔

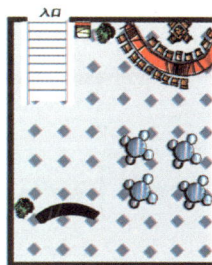

平面示意图

纸　张：硫酸纸／复印纸
工　具：绘图笔／滚珠笔、酒精马克笔、水溶彩色铅笔

这是一个舞厅的休息空间，悠扬曲折的回廊，波浪式垂幔的吊顶设计，整个空间充满了音乐跌宕的节奏感。色彩的使用尽显妩媚风情，整体空间韵律感强。空间利用合理，充分利用拐角吻合了人们对私密性的心理需求。家具选用高的吧凳，使空间更时尚。

纸 张：硫酸纸／复印纸
工 具：绘图笔／滚珠笔

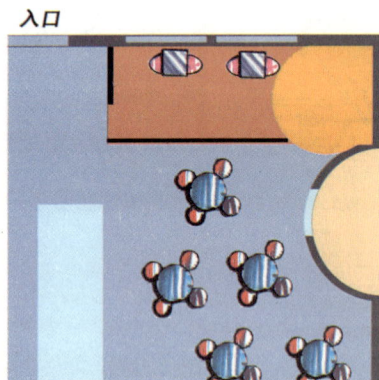

入口

平面示意图

纸 张：硫酸纸／复印纸
工 具：绘图笔／滚珠笔、酒精马克笔、
         水溶彩色铅笔

娱乐休闲空间

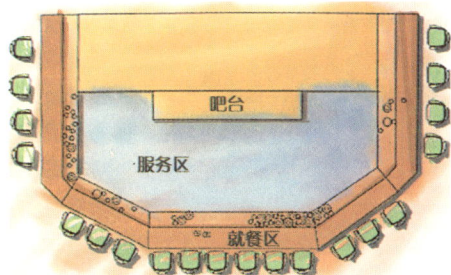

平面示意图

纸　张：硫酸纸/复印纸
工　具：绘图笔/滚珠笔

该酒吧的空间设计以木材为主要装饰材料，充满质朴自然的感觉。陈旧的木色与酒吧黯淡的灯光相吻合，一改往日酒吧给人的感觉，使人更易融入到酒吧的氛围中。这种原始木质的风格使人们的心情在这里沉淀、升华。

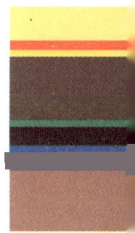

纸　张：硫酸纸/复印纸
工　具：绘图笔/滚珠笔、水性马克笔、水溶彩色铅笔、高光笔

63

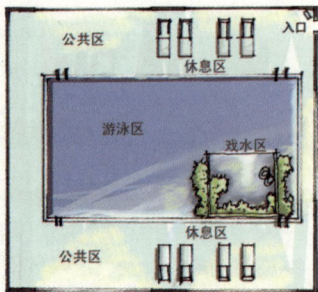

平面示意图

该空间为健身空间设计的游泳池，高高架起的斜坡屋顶使整个健身空间更加开阔雄伟，整个空间气息与水的灵动融合在一起。拱形墙面的设计取得了极佳的视觉效果。纯度很高的蓝色和黄色的对比关系使整个水空间更充满灵气。

纸 张：硫酸纸/复印纸
工 具：绘图笔/滚珠笔

纸 张：硫酸纸/复印纸
工 具：绘图笔/滚珠笔、酒精马克笔、水溶彩色铅笔

纸 张：硫酸纸/复印纸
工 具：绘图笔/滚珠笔

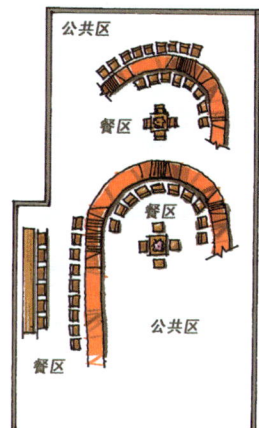

公共区

餐区

餐区

公共区

餐区

平面示意图

纸 张：硫酸纸/复印纸
工 具：绘图笔/滚珠笔、酒精马克笔、水溶彩色铅笔、高光笔

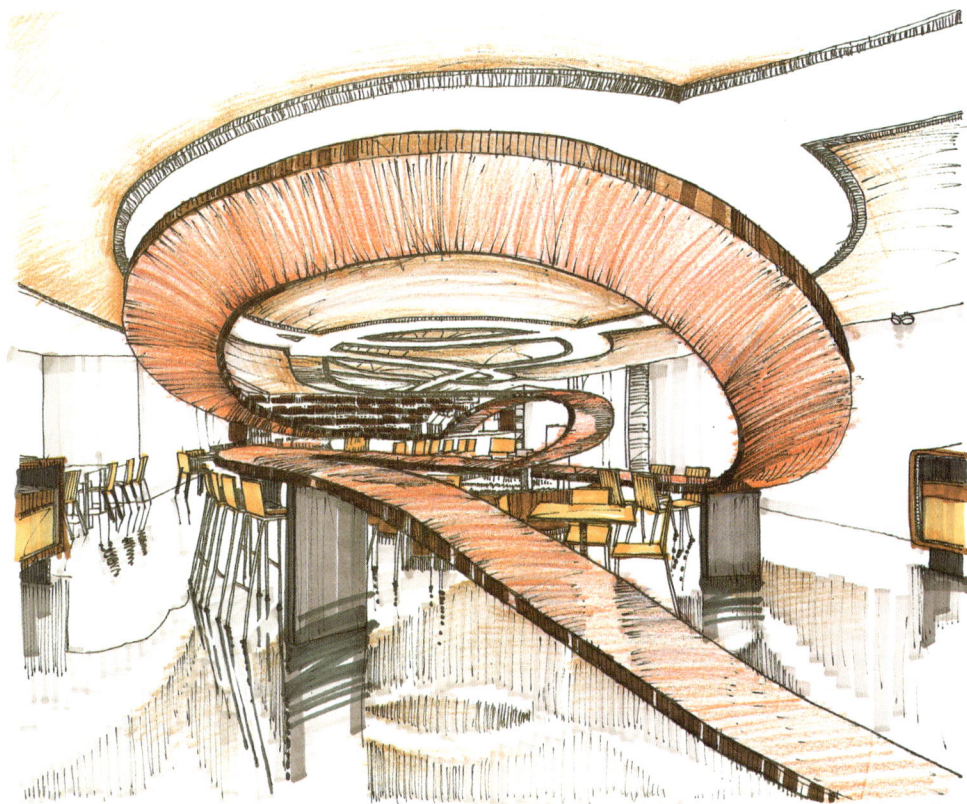

　　该娱乐空间设计将顶棚和地面空间的界限模糊化，中心螺旋状的空间造型延伸至吧台，整个空间从凝聚中得到延伸，人们容易在这里产生联想，心情得到释放。红色的选用富有生机，整体空间伴随旋转的造型充满着无限活力。

65

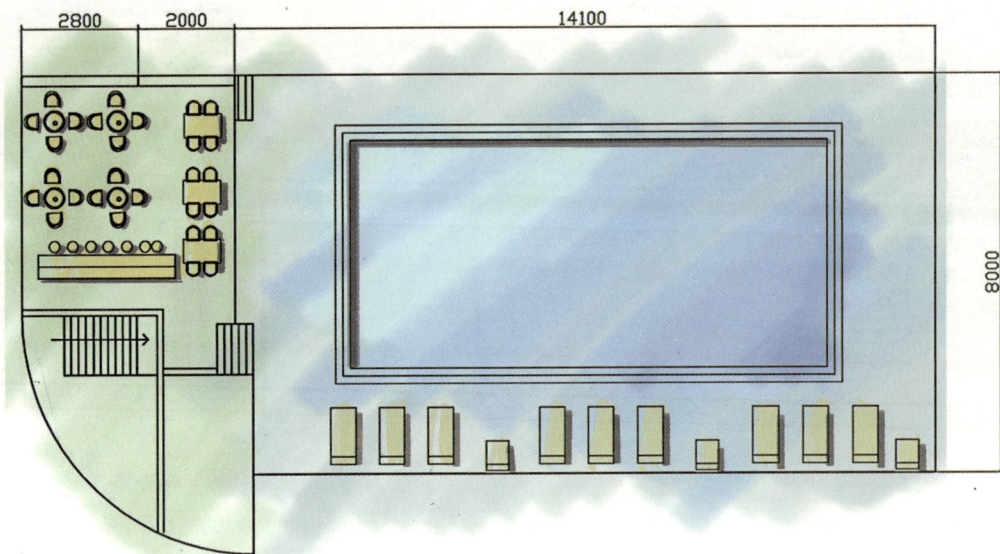

2800 2000 14100

8000

平面示意图

该游泳馆的空间采用钢架结构，增强了内部空间的体量感。同时圆形拱顶的使用使空间更为开阔，大面积的玻璃天窗使空间通透、灵动，与室外环境遥相呼应。色彩选用明快简洁。

纸　张：硫酸纸/复印纸
工　具：绘图笔/滚珠笔

纸 张：硫酸纸/复印纸
工 具：绘图笔/滚珠笔、酒精马克笔、水溶彩色铅笔、高光笔

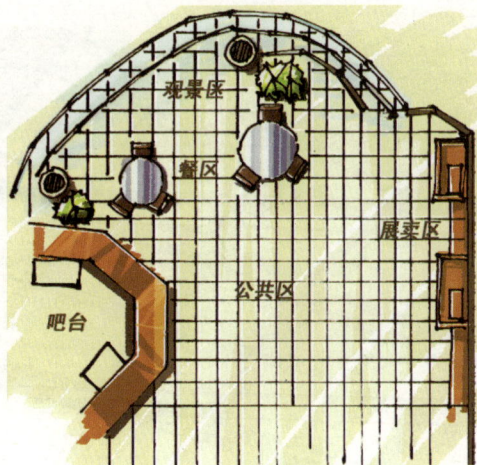
平面示意图

该空间为电影放映空间的休息厅,开阔敞亮的空间,圆形吊顶和圆柱的使用相互呼应,大面积玻璃框架结构的使用为室内提供了适宜的光线,同时为室内提供很好的视野,室内外环境融为一体。顶棚采用充满神秘感的紫色令来到这里的人们充满新奇感,大幅海报使空间更为活跃。

纸 张:硫酸纸/复印纸

工 具:绘图笔/滚珠笔

纸　张：硫酸纸/复印纸

工　具：绘图笔/滚珠笔、酒精马克笔、水溶彩色铅笔

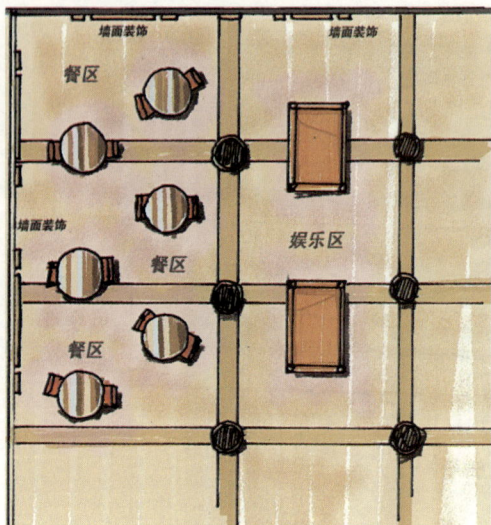

平面示意图

该娱乐空间为古典风格。步入该空间，米黄色大理石的柱子似乎扮演了该空间的主角。从柱脚到柱头，墙角的细枝末节处均采用西方古典建筑的装饰手法。色彩的使用使空间扑朔迷离，蓝紫色更增添了空间的情趣。

纸　张：硫酸纸/复印纸

工　具：绘图笔/滚珠笔

纸　张：硫酸纸／复印纸
工　具：绘图笔／滚珠笔、酒精马克笔、水溶彩色铅笔、高光笔

纸　张：硫酸纸/复印纸
工　具：绘图笔/滚珠笔

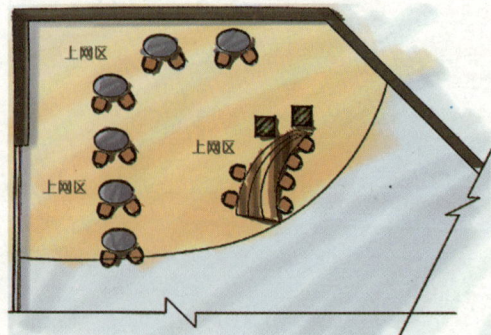

平面示意图

　　此空间为娱乐空间的网吧，整个空间以地面弧线分为两部分，一部分使用橙色，使空间充满生气，另一部分用灰色，使室内空间和谐而稳重。顶棚和地面的分区统一，橙色和蓝色的对比使空间特点鲜明。

纸　张：硫酸纸/复印纸
工　具：绘图笔/滚珠笔、酒精马克笔、水溶彩色铅笔、高光笔

72

该空间结构划分合理，空间错落有致，充满秩序感。家具的选用最具特色，为空间注入了鲜活的力量。高背椅与餐桌形成强烈的色彩对比，形成很强的视觉效果。

纸　张：硫酸纸/复印纸
工　具：绘图笔/滚珠笔

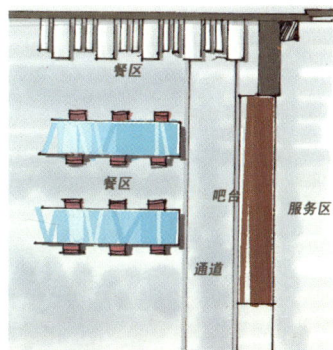

平面示意图

纸　张：硫酸纸/复印纸
工　具：绘图笔/滚珠笔、酒精马克笔、水溶彩色铅笔、高光笔

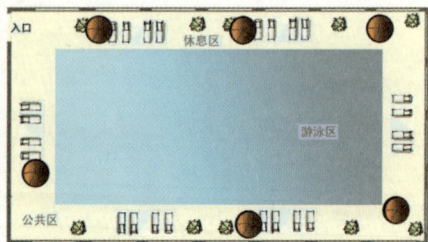

平面示意图

纸 张：硫酸纸/复印纸
工 具：绘图笔/滚珠笔

该空间的游泳池的设计具有田园般的诗情画意，清新的空气荡漾在这里的角角落落。大面积的玻璃顶棚使整体空间更加剔透，与游泳池水面相映成趣。室内外的绿色植物为空间注入了生机与活力。

纸 张：硫酸纸/复印纸
工 具：绘图笔/滚珠笔、酒精马克笔、水溶彩色铅笔

娱乐休闲空间

医疗设施空间包括的范围很广，从相对简单的医生办公室到相当复杂的现代化综合性医院。它们都有一个共同的问题，这就是它们服务的用户群体的要求各不相同，有时甚至会相互抵触。这些群体包括医生、护士和工作人员、管理人员，以及病人、陪伴人员、来访者和贸易人员等。医疗办公室的基本单元包括接待桌、等待区域、诊断室、检查和治疗室、档案室以及洗手间和贮藏室等。医疗设施空间环境会直接强烈影响病人或陪伴人员的情绪，虽然医术比空间环境更重要，但是良好的医疗设施空间设计能加强医生的自信，调节病人的情绪。医疗设施空间设计需要注意的问题是：要解决有大量人流共用的通道与所占面积之间的矛盾，同时要了解人流的行动安排和就诊、治疗、住院各空间各诊室之间的关系，合理地安排各空间之间的功能关系。

◎ 医疗设施空间内部各功能区域的布局往往和医院的运营方式和各个科室的诊疗要求有着密切的关系，它也成为医疗设施空间布局不断变化的根本原因。一般来讲，它主要包括：

◎ 门诊部：挂号、收费的方式，预约的普及程度；候诊的形式（一次候诊或多次候诊）；追求医、患分流的交通组织形式，还是保证诊室的自然采光、自然通风；特需门诊及专家会诊中心模式的选择。

◎ 急诊急救中心：急诊急救两者功能的分离，绿色生命通道的设置，急诊救治的未来发展模式。

◎ 住院部：护理单元的合理床位数的规模，单床间、双床间、多床间的设置比例，护士、医生工作站的位置、功能的确定，各功能流线的垂直交通组织方式，病患、家属的交流空间等。

◎ 手术中心：手术中心位置的确定；手术室数量、规格、标准的选定，手术中心平面布置形式的选择（外周回收型、外周供应型、中央洁净型、中央供应型等）；手术中心与日间手术、微创手术的区域整合；大型手术室与重要医技设备（MRI等）的组合等。

在医疗空间设计中提倡的是手术中心与急诊以及住院部的紧密联系，保证在最短的时间内，以最便捷的通道将病人送到手术室，并且在术后也能通过最快的路径让病人到达住院部。避免住院病人与门诊病人的交叉。不同的目标人群有不同的流线，互不交叉，互不干扰。

众所周知，这些年越来越重视的无障碍设计、标识设计在医疗设施空间设计中也成为非常重要的因素，这些因素都将直接影响着各部门内部的平面布局和部门间的互相关系和联系。医疗设施空间设计是一个涵盖面很广的课题，涉及规划、建筑、结构设备、器械生产等诸多领域，也是在从事相关设计的人员需要长期关注、共同研究、探讨的重要课题。

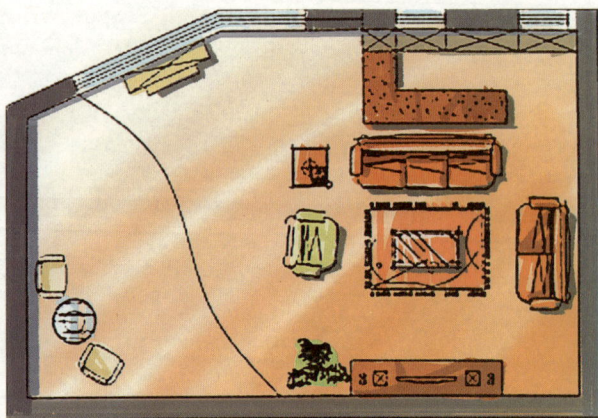

平面示意图

纸 张：硫酸纸/复印纸

工 具：绘图笔/滚珠笔

这是一个疗养院的休闲厅设计，大片的玻璃及原建筑斜屋顶的设计给予修养者一种放松的心情，在这里便像待在居家的客厅。35平方米左右的空间却给人以极其开阔敞亮的视野，实现了修养者与世外桃源的对话，室内外景色互相映衬，使修养者回归自然。

纸　张：硫酸纸/复印纸
工　具：绘图笔/滚珠笔、酒精马克笔、水溶彩色铅笔、高光笔

纸 张：硫酸纸／复印纸
工 具：绘图笔／滚珠笔

平面示意图

简单、安静的医疗设施空间设计，采用木材暖色调处理的空间给病人以温暖的感受、细腻的呵护。家居布置简洁，一张特护病床、一个壁橱、一套简洁的休息圆桌及座椅，但给人以如家的享受。

纸 张：硫酸纸／复印纸
工 具：绘图笔／滚珠笔、酒精马克笔、水溶彩色铅笔、高光笔

78

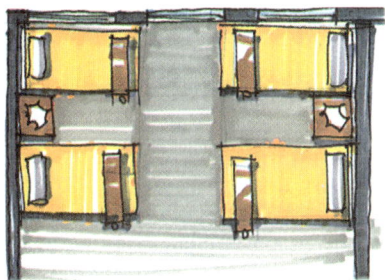

平面示意图

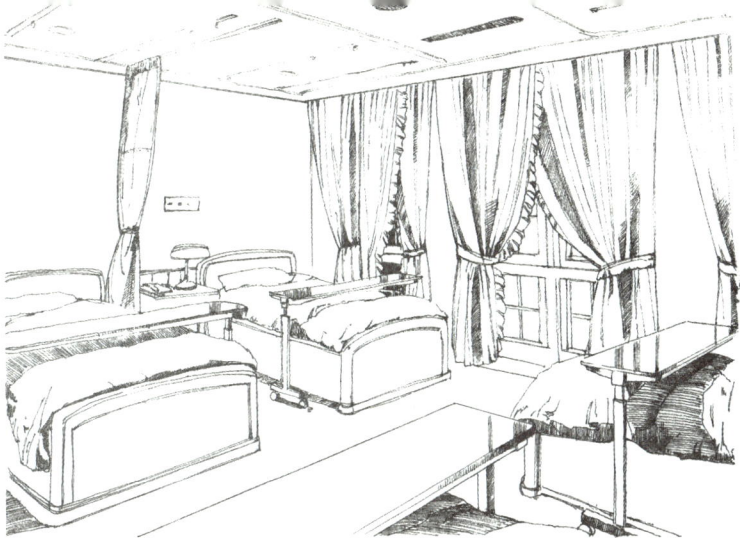

纸　张：硫酸纸/复印纸
工　具：绘图笔/滚珠笔

纸　张：硫酸纸/复印纸
工　具：绘图笔/滚珠笔、酒精马克笔、水溶彩色铅笔、高光笔

该住院空间采用清新优雅的黄绿色调，搭配家居化的窗帘使修养者的思绪游离于家的温馨浪漫之中，稀释了凝重的心情，一切在这里慢慢淡化开来。简单的吊顶造型使空间显得格外安静、和谐。

79

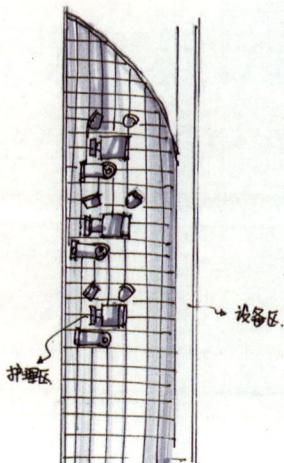

平面示意图

纸　张：硫酸纸/复印纸
工　具：绘图笔/滚珠笔

医疗膳空间

该牙科空间采用朴素、简洁的色调赋予人们清晰的思维，壁橱的使用大大节省了空间，墙面造型简单，却充满韵律感。墙面采用淡淡的橙黄色，给人以温馨、甜美之感，或许可以舒缓病人的病疼。

纸　张：硫酸纸/复印纸
工　具：绘图笔／滚珠笔、酒精马克笔、水溶彩色铅笔、高光笔

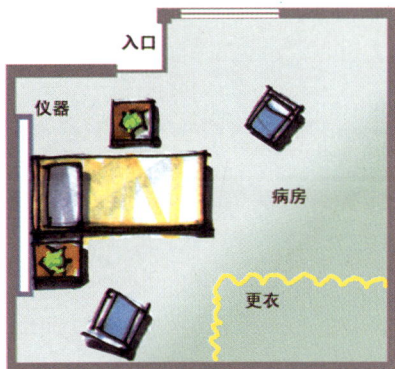

平面示意图

入口

仪器

病房

更衣

纸 张：硫酸纸/复印纸
工 具：绘图笔/滚珠笔

该住院空间采用植物、沙发等装置物改变了医疗空间单调冰冷的氛围。局部采用淡淡的黄色，给人以温馨的内心感受。简单木质欧式的家具和植物很温馨地安排，特别是扶手等无障碍设计，令这个空间更加人性化。

纸 张：硫酸纸/复印纸
工 具：绘图笔／滚珠笔、酒精马克笔、水溶彩色铅笔

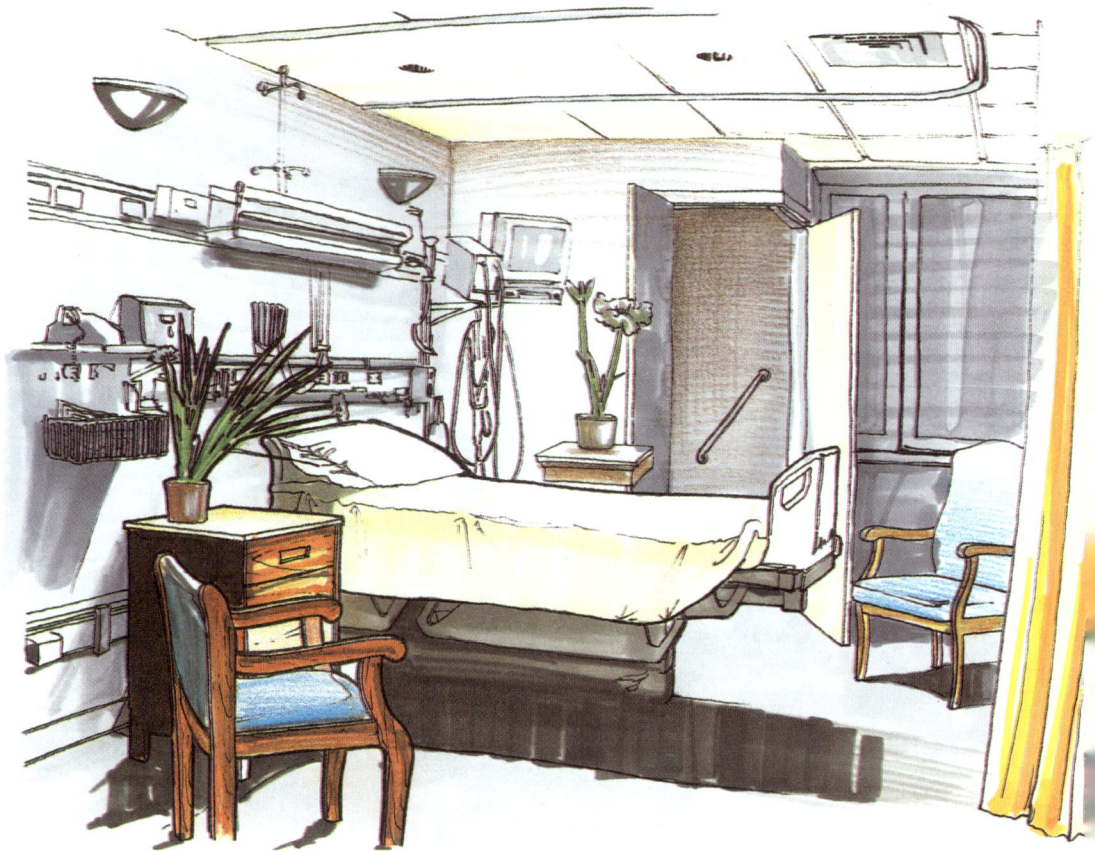

平面示意图

纸　张：硫酸纸/复印纸
工　具：绘图笔/滚珠笔

　　该住院空间采用植物、沙发等营造了家的温馨与舒适。整个空间色调和谐，淡淡的冷暖色的对比给人以清新之感。躺椅和电视的安放使病人和陪房探视的人更方便使用。

纸　张：硫酸纸/复印纸
工　具：绘图笔／滚珠
笔、酒精马克
笔、水溶彩色铅
笔、高光笔

该空间使医院的室外空间宽阔敞亮，异形柱子的使用更加烘托了空间的气氛，整个空间活泼而不受拘束，该设计打破常规的思维模式，营造出一种奇特新颖的休息空间氛围。

纸 张：硫酸纸/复印纸
工 具：绘图笔/滚珠笔

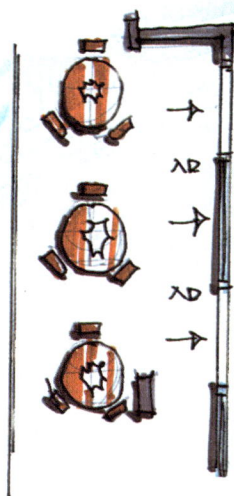

平面示意图

纸 张：硫酸纸/复印纸
工 具：绘图笔/滚珠笔、酒精马克笔、水溶彩色铅笔、高光笔

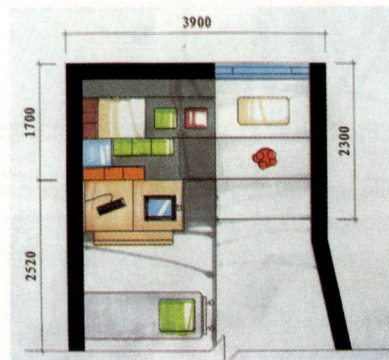

平面示意图

在Sofia儿童医院内，被称作CF Lounge的特殊检查室中放置了3块荧屏：交流屏、信息屏和表演屏。交流屏是触摸式荧屏，等候检查的孩子们可以用它来拍照片、画画或者写字。他们可以和其他来接受治疗的孩子分享他们的创作，或者把他们保留起来作为私有。信息屏会将所有孩子的作品年复一年地保存起来，孩子们总是可以在这里重新找到他们自己的作品信息库。孩子们也可以把自己的作品转发给表演屏。作品通过一个电脑化了的万花筒传送给另一个液晶显示屏，并显现出精彩壮观的画面。而信息屏则理智地提醒孩子们一天中的时间、下次检查的时间和离检查结束还剩下多少小时。无论是室内设计还是多媒体艺术创作都达到了美轮美奂的程度。

84

纸　张：硫酸纸/复印纸
工　具：绘图笔/滚珠笔

纸 张：硫酸纸／复
印纸
工 具：绘图笔／滚
珠笔、酒精
马克笔、水
溶彩色铅
笔、高光笔

纸 张：硫酸纸/复印纸
工 具：绘图笔/滚珠笔

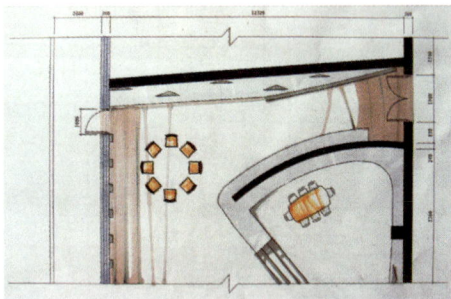

平面示意图

英国Maggie's Five第五癌症中心，是扎哈·哈迪德（Zaha Hadid）在英国设计的第一个建筑与贯穿整个建筑的三角和外部尖锐的折线和黑色的钢板，形成强烈对比的是内部柔和的曲线和白色的墙面及家具。无论你在室内任何一处，你都能感觉到屋顶的存在，扎哈·哈迪德的三角形贯穿整个建筑，阳光穿过这些三角形照亮了每一处角落。而阳光的引入也打破了白色室内的单调，增加了动感。

纸 张：硫酸纸/复印纸
工 具：绘图笔/滚珠笔、酒精马克笔、水溶彩色铅笔、高光笔

医疗设施空间

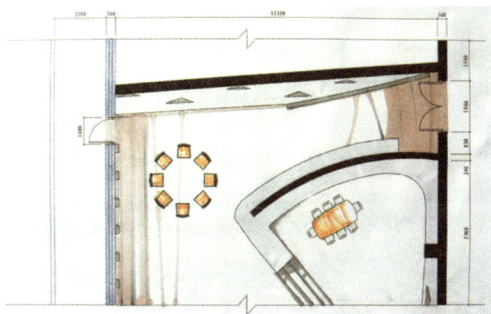

平面示意图

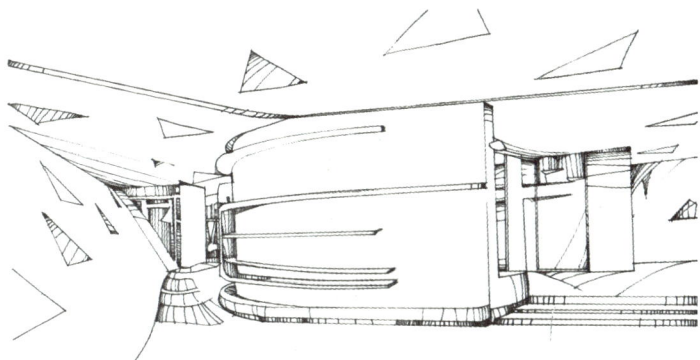

纸　张：硫酸纸/复印纸
工　具：绘图笔/滚珠笔

建筑中间的公共空间被一面弧墙分隔成两个区域，凹起的一面被布置成一个厨房，一个大型独立式柜台依靠凹面而立，成为整个建筑的中心。这里每天将提供60～70个来访者的茶水和咖啡，同时也是大型营养课程的授课场所。

纸　张：硫酸纸/复印纸
工　具：绘图笔/滚珠笔、酒精马克笔、
　　　　水溶彩色铅笔

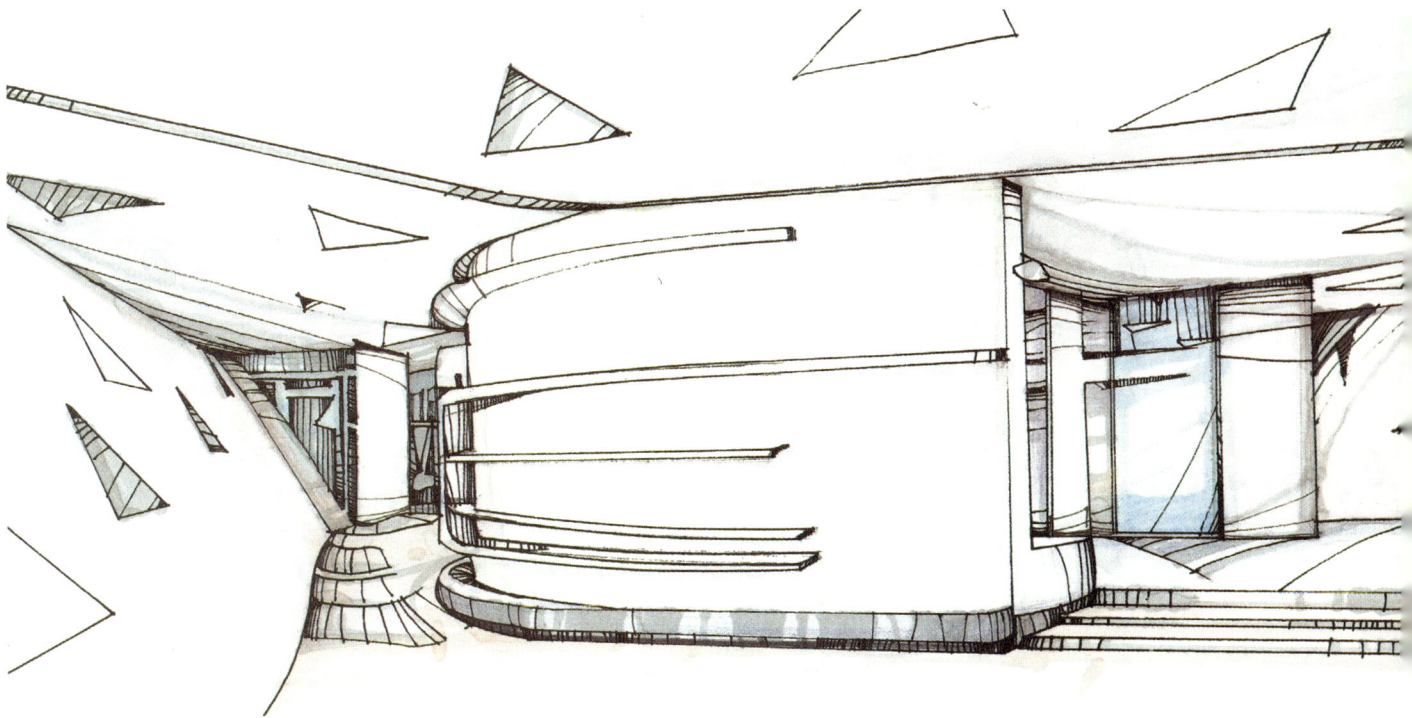

平面示意图

医疗设施空间

88

纸　张：硫酸纸／复印纸

工　具：绘图笔／滚珠笔

　　如果说设计是一个魔术，能为空间带来不一样的灵魂，那作为一个具有很多功能和条件限制的孕婴体验中心，通过设计的影响将中心的健康理念能真正贯穿到功能使用的细节之中，通过设计对空间在气氛、功能方面的干预和确认实现，将心理、精神等更广泛的健康理念，植入到人们对健康理想的关注视线之中。此孕婴中心空间是休息空间，孕妇们可以交流心得体会和休息的空间，是为孕育期的母亲营造出健康的心理情感和健康的精神，从而赋予胎儿一个健康而积极的情感和性格基础。而这种外在的健康环境，必定与设计相关。楼梯的护栏设计和顶棚的造型为自由的曲线，圆形环抱的空间结构在形态上与孕期女性的身体形态具有相似感，很容易在心理上使她们得到被外界环境拥抱的安全感，让始终谨慎的神经在一定程度上得到放松。

纸　张：硫酸纸/复印纸
工　具：绘图笔/滚珠笔、酒精马克笔、水溶彩色铅笔、高光笔

具有怀抱感和私密安全感的分隔空间在设计中被规划为私人的交谈室和诊疗室，为需要私人心理和经验指导的会员营造了一个安静而隐蔽的环境。在由接待厅逐渐进入交流空间的过程中，展示柜上的孕婴用品很容易让人的心情放松下来，以舒适的心态进入会员区参与到交流之中。所有这些看似简单的设计考虑，都基于设计者对这一时期女性的关注，注意到这一时期的女性由于自身担负着保护和孕育的责任，容易心理波动，喜欢干净温暖的颜色，温和的乳白色巨型灯泡和暖色的墙面、木质家具使她们感觉十分亲切。

纸 张：硫酸纸/复印纸
工 具：绘图笔/滚珠笔

平面示意图

纸 张：硫酸纸/复印纸
工 具：绘图笔/滚珠笔、酒精马克笔、水溶彩色铅笔、高光笔

酒店的规模包括从最简单的小客店到庞大的星级宾馆,以及带全套休闲设施的度假村。宾馆空间最基本的是要满足客人寻求舒适、得到娱乐和休息住宿的需要。而客人的来源有各种类型,从度假到出差,有希望他们的住处能衬托自己身份的名人,也有选择在这儿聚会的各种团体。这类空间实际上相当于客人的第二个家,故设计需要表达集众家之长的独特风格。一些古老宾馆的室内设计显示了良好的传统格调,而现代设计则多反映出时尚的风格。

一个五星级酒店几乎囊括了所有室内空间设计功能,里面有公共的大堂部分、餐饮部分(咖啡厅、酒吧)、商务中心、后勤写字楼、健康中心SPA等等。对设计师而言,设计酒店是一件有趣但同时充满难度的工作。酒店内的空间主要由公用空间、私用空间和过渡空间构成。公用空间是旅客、服务人员聚散活动区域,包括门厅、中庭、休息厅、酒吧、茶座、接待厅、餐厅、美容美发中心等。私用空间是指客人单独使用的空间,如客房,各类服务用房等。过渡空间则是指连接公用空间与私用空间的走廊、庭园、楼梯等。在设计时,应合理地组织空间,根据不同特性选择不同的设计风格、装饰材料及施工做法。

在全球化的影响下,中国的酒店设计以一种全新的面貌展示在众人面前,呈现出更加多样化的趋势。酒店设计的分类依照我们都熟悉的星级酒店的评定标准。

经国务院领导批准,参照国际上饭店评定标准,并结合我国实际情况,国家旅游局制定了《中华人民共和国旅游涉外饭店星级标准》。

◎ 一星级饭店:建筑结构良好,内外装修采用普通建筑材料,有一定面积的前厅,客房至少有20间可供出租,75%的客房有卫生间,12小时供应冷热水,有餐厅等设施,满足经济等级旅游者的需要。

◎ 二星级饭店:建筑结构良好,内外装修采用较好的建筑材料,前厅具有一定饭店气氛,客房至少有20间可供出租,客房有配套的家具,95%客房有卫生间,16小时供应冷热水,有较大的餐厅、商场、邮电、理发室,基本上满足旅游者的生活要求。

◎ 三星级饭店:建筑结构良好,内外装修采用较高档建筑材料,布局基本合理,外观具有一定特色或地方民族风格,大厅内装修美观别致、标准客房装修美观,都设有卫生间,24小时内供应冷热水、冷暖气、直拨电话、彩电,设备齐全。有大小餐厅提供中西餐,还有会议室、游艺厅、酒吧间、咖啡厅、美容室、健身室等设施。这类饭店数量多,服务具有一定水平,价格适中,国际上较流行,受到旅游者欢迎。

◎ 四星级饭店:饭店外观独具风格,或具有鲜明的地方民族风格。装修豪华,大厅气氛高雅,服务设施完善,环境幽雅,提供优质服务,旅客进店后能得到较高级的物质和精神享受,主要满足经济地位较高的旅游者的高消费。

◎ 五星级饭店:饭店建筑设备十分豪华,大厅具有豪华气氛,环境优美,设施更加完善,卫生间有淋浴、蒸汽浴、自动按摩缸等豪华设备,还有现代化设备如电脑、保冷箱等高档设施。

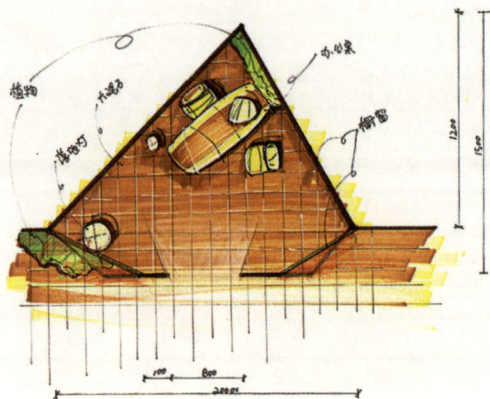

平面示意图

纸 张：硫酸纸/复印纸
工 具：绘图笔/滚珠笔

此空间为酒店里的美容空间，主要营造一种色彩氛围，用温暖的色彩来调动人们的视觉，暖光源的使用使人有一种辉煌的感觉，配合精致的欧洲古典家具，使人自然地产生一种舒适的感觉。同时，在大空间里建立了一个小空间，顶棚上垂吊着植物，家具选用室外庭院的铁艺家具，提升整个空间的空间感和艺术性。

纸 张：硫酸纸/复印纸
工 具：绘图笔/滚珠笔、酒精马克笔、水溶彩色铅笔、高光笔

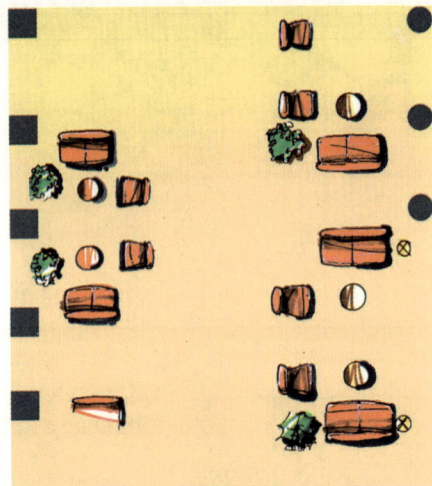

平面示意图

酒店高大的共享空间显得很敞亮，进入这个空间感觉很舒畅，设计师最需遵循的原则是不去破坏建筑原始的结构。白色作为基调可以合理解决建筑中开间与尺度受限的问题，在视觉上重新赋予空间张力与延展度；搭配鲜艳的红色沙发，又有一种舒适和惬意；墙上的开窗使得整个空间非常明亮，显得简洁大方，也从心理上为使用者增加了室内的照度，让游走于其中的人们自然而然地感到宽敞与舒适。

94

纸 张：硫酸纸/复印纸
工 具：绘图笔/滚珠笔

纸　张：硫酸纸/复印纸
工　具：绘图笔/滚珠笔、
　　　　酒精马克笔、水
　　　　溶彩色铅笔、高
　　　　光笔

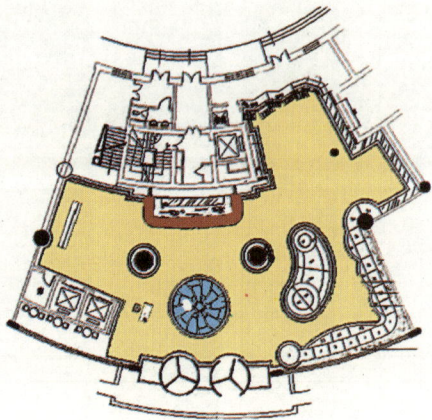

平面示意图

纸 张：硫酸纸/复印纸
工 具：绘图笔/滚珠笔

圆形的顶棚、流畅的曲线构成了
这个空间最精彩的部分，除去了不必
要的家具，大厅空间显得更加敞亮，
增强了立柱的体量感，整个大厅的气
势也把握得很好，圆弧的搭配也有一
种方圆的韵味在其中。光在室内浮动
所产生的光影作为设计中最生动微妙
的部分，也是该空间最有趣和最不可
孤立存在的元素，因为任何设计与自
然环境的融合均是一种感性和高度的
融合。

纸 张：硫酸纸/复印纸
工 具：绘图笔/滚珠笔、酒精马
　　　克笔、水溶彩色铅笔、高
　　　光笔

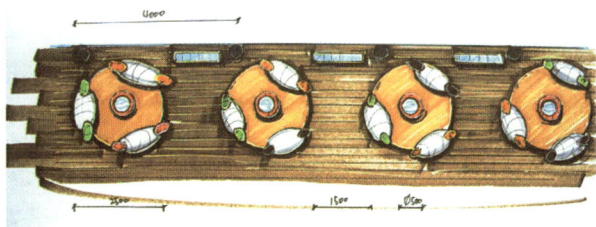
平面示意图

此空间为德国SIDE HOTEL的总部，休息大厅巨大的落地窗使空间显得明亮开阔，色彩也显得更加艳丽，家具的选择非常具有现代感，沙发搭配鲜艳的颜色，整个空间显得很活泼，人们坐在这样的空间中欣赏窗外的美景会别有一番情趣。

纸　张：硫酸纸／复印纸
工　具：绘图笔／滚珠笔

纸　张：硫酸纸／复印纸
工　具：绘图笔／滚珠笔、酒精马克笔、水溶彩色铅笔、高光笔

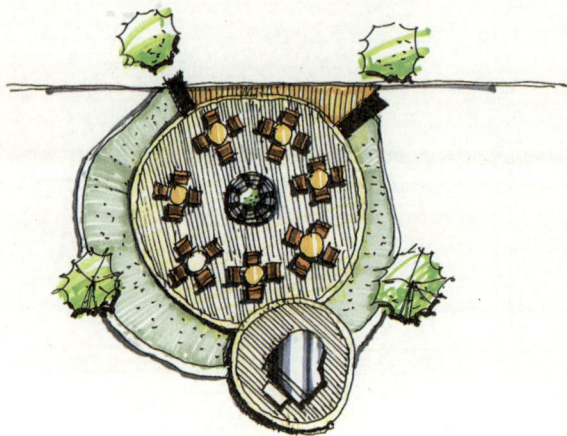

平面示意图

该空间为酒店的大堂吧，空间划分显得很合理，配合周围的装饰，整个空间有一种高雅淡然的气氛，高差的设计也增加了空间层次，圆与圆的搭配，像一个室内的袖珍景观，木质的选用也显得自然和谐。

纸　张：硫酸纸/复印纸
工　具：绘图笔/滚珠笔

纸　张：硫酸纸/复印纸
工　具：绘图笔/滚珠笔、酒精马克笔、
　　　　水溶彩色铅笔、高光笔

纸　张：硫酸纸/复印纸
工　具：绘图笔/滚珠笔

平面示意图

纸　张：硫酸纸/复印纸
工　具：绘图笔/滚珠笔、酒精马克笔、
　　　　水溶彩色铅笔、高光笔

　　此度假酒店空间的大堂简洁大方而又不失其功能性，线条刚柔相济，顶棚的粗框梁架与楼梯跑马廊的曲线结合在一起，构成空间的骨架节点，色彩丰富但不感觉杂乱，使整个空间感觉更加统一、浑然一体。

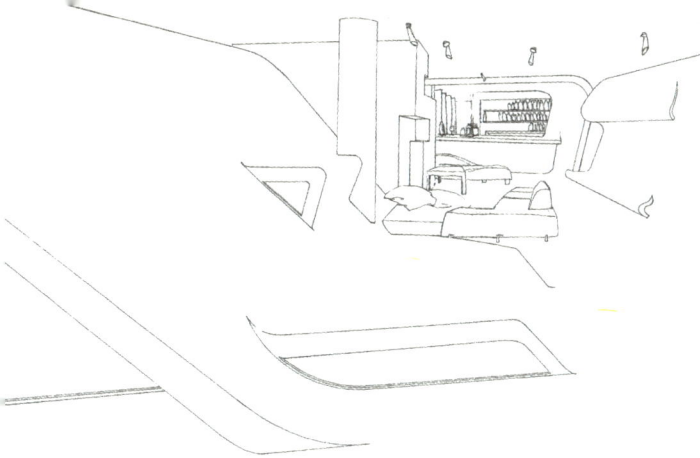

纸 张：硫酸纸/复印纸
工 具：绘图笔/滚珠笔

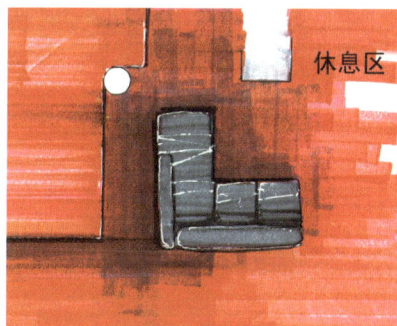

休息区

平面示意图

纸 张：硫酸纸/复印纸
工 具：绘图笔/滚珠笔、酒精马克笔

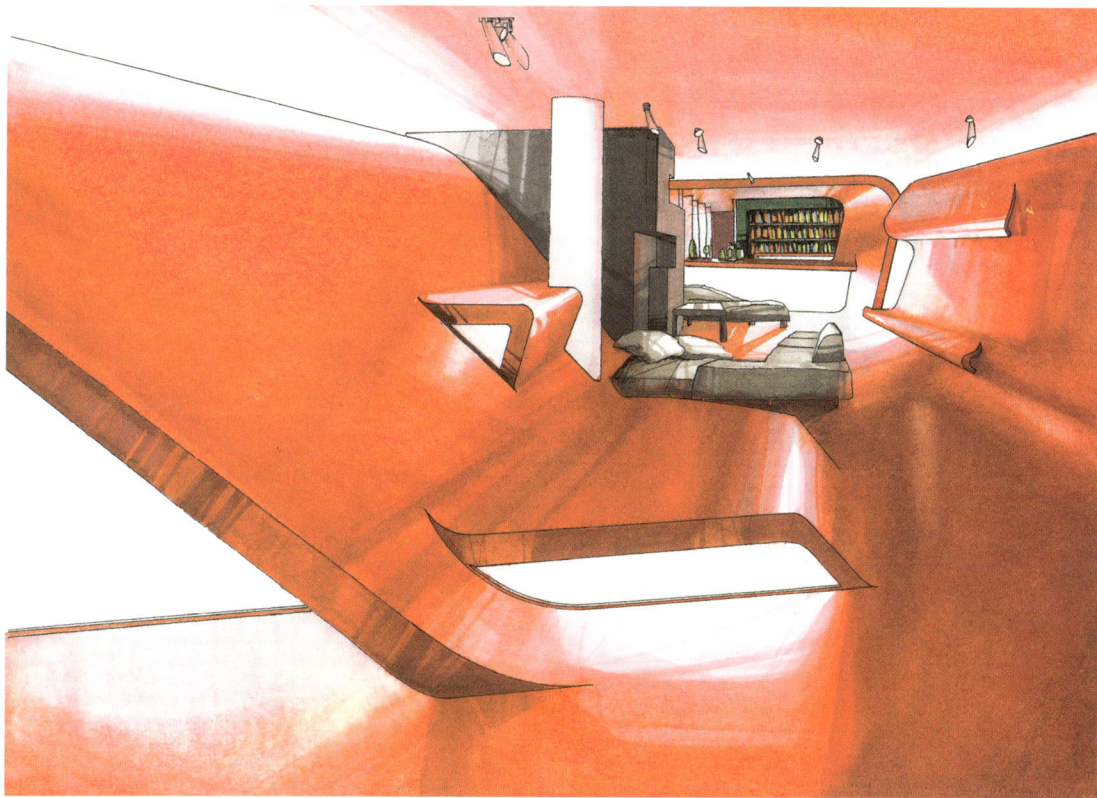

这家全新概念的五星级酒店位于柏林喧嚣的Kurfürstendamm大街和Knesebeckstrasse街的拐角，它已经不仅仅是一个临时的睡眠场所，而更像一个拥有强烈磁场的神秘空间，正在吸引着越来越多的旅游者、参观者进入其中，感受惊喜。

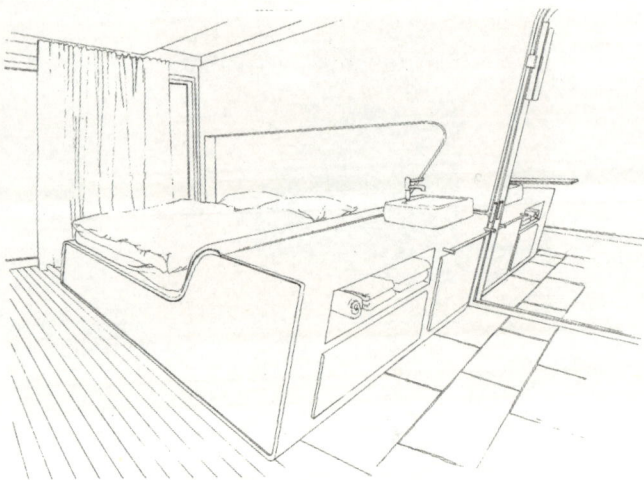

纸　张：硫酸纸/复印纸
工　具：绘图笔/滚珠笔

平面示意图

　　这家全新概念的五星级酒店已经不仅仅是一个临时的睡眠场所，舒适、简洁，客房设计采用纯线条最小化设计风格；亲切的人性化设计使酒店成为温暖舒适之地。

纸　张：硫酸纸/复印纸
工　具：绘图笔/滚珠笔、酒精马克笔

此空间室内的景观装饰渲染出了整个空间的整体气氛，热带大自然风光被带到了周围，置身其中像是在户外空间，给人营造出随意洒脱的感觉。圆形的吊顶与地面圆形围绕的桌椅相搭配，装饰性与功能性得到了统一。

纸 张： 硫酸纸／复印纸
工 具： 绘图笔／滚珠笔

平面示意图

纸 张： 硫酸纸／复印纸
工 具： 绘图笔／滚珠笔、酒精马克笔、水溶彩色铅笔

103

平面示意图

纸　张：硫酸纸／复印纸
工　具：绘图笔／滚珠笔

酒店空间

纸　张：
硫酸纸／复
印纸
工　具：
绘图笔／滚
珠笔、酒精
马克笔、水
溶彩色铅
笔、高光笔

104

整个空间在造型上力求简洁、明快，统一划分。条形的空间划分和简单的点缀使得整个空间更加通透、明亮、现代。顶部造型采用巨大圆形吊顶，中心空间的子空间里加上球灯装饰，虚实相应，使整个空间丰富多彩。

平面示意图

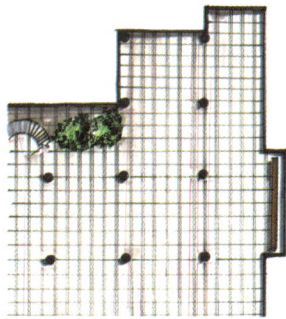

此酒店构思的新模式为一个对外开放的场所，空间充分表现了功能的需要，布局合理，视觉流畅，选材合理，色彩温馨，建筑的柱梁同时起到了装饰的作用，植物又带来自然休闲色彩，营造出具有文化底蕴的公共空间。

纸 张：硫酸纸／复印纸
工 具：绘图笔／滚珠笔

105

纸 张：硫酸纸／复印纸
工 具：绘图笔／滚珠笔、酒精马克笔、水溶彩色铅笔

此酒店空间的设计朴素而简约，采用简洁的线条创造出宁静的气氛，巨大的玻璃顶棚保证了空间的采光，自然光也使室内显得更加真实，配合局部的植物花坛，形成了独特的空间感，木制的条形凳也很稳重质朴。

纸 张：硫酸纸/复印纸
工 具：绘图笔/滚珠笔

平面示意图

纸 张：硫酸纸/复印纸
工 具：绘图笔/滚珠笔、酒精马克笔、
　　　　水溶彩色铅笔、高光笔

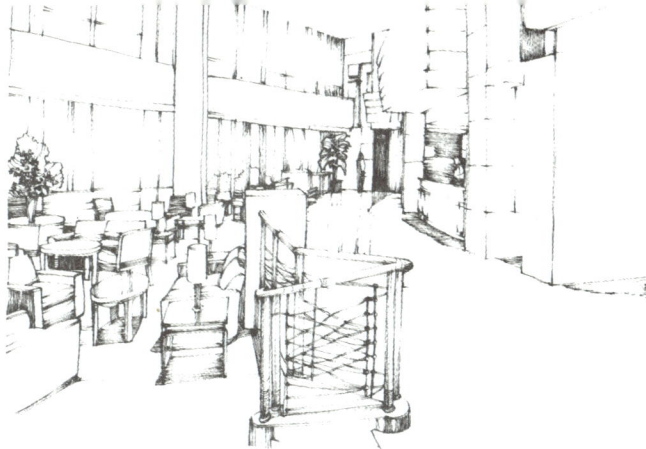

纸 张：硫酸纸/复印纸
工 具：绘图笔/滚珠笔

平面示意图

　　该酒店大堂设计在大厦的中部，在喧闹的大空间中营造出一处安静、舒适的休息空间，玻璃窗带来了柔和的自然光，加上舒适的家具，富有特色的装饰，将人们带进了一个宁静祥和，具有文化感染力的空间。

纸 张：硫酸纸/复印纸
工 具：绘图笔/滚珠笔、酒精马克笔、水溶彩色铅笔

107

纸　张：硫酸纸／复印纸
工　具：绘图笔／滚珠笔

平面示意图

酒店空间

此商务酒店空间意在营造一种典雅朴实、稳健、庄重的气氛。使用素雅的装饰材料，特别的花朵形地灯带来一种优雅时尚的感觉，也提升了整个空间的艺术品位，形成独特的空间韵味。

纸　张：硫酸纸／复印纸
工　具：绘图笔／滚珠笔、酒精马克笔、水溶彩色铅笔、高光笔

此精品酒店空间旨在营造简约前卫的清新风格，色彩上以红色为主，搭配家具玻璃的色彩使得整个空间给人一种强烈夺目的视觉效果。双层的镂空设计则增添了空间的情趣，简洁之中增加了韵律感。

平面示意图

纸 张：硫酸纸／复印纸
工 具：绘图笔／滚珠笔

纸 张：硫酸纸／复印纸
工 具：绘图笔／滚珠笔、酒精马克笔、水溶彩色铅笔、高光笔

109

平面示意图

纸 张：硫酸纸/复印纸
工 具：绘图笔/滚珠笔

此度假酒店空间引入高大的植物、芬芳的花草，将自然景色很好地融入到建筑物之中，表达了对自然的向往。绿色的植物在玻璃的映衬下有一种天然和时尚结合的气息，现代主义的特色显现其中。

纸　张：硫酸纸/复印纸
工　具：绘图笔/滚珠笔、酒精马克笔、水溶彩色铅笔

纸　张：硫酸纸/复印纸
工　具：绘图笔/滚珠笔

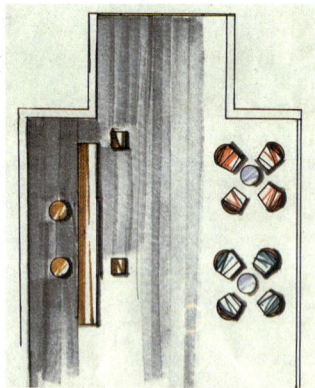

平面示意图

该酒店设计的简约大方，没有任何多余的修饰语言，原建筑的方柱、平直而简单的木质吊顶、落地的大玻璃窗使整个空间更加开阔，营造出简洁大方的空间氛围，给人以心旷神怡的感觉。家具的选用，红蓝色彩的靠垫，使酒店空间的功能设计与现代时尚相融合。

纸　张：硫酸纸/复印纸
工　具：绘图笔/滚珠笔、酒精马克笔、水溶彩色铅笔、高光笔

餐厅设计的目的是创造一种氛围,以突出供应的食物和服务的特点,让用餐的经历值得怀念,从而鼓励顾客再次光顾并推荐给其他人。餐厅的规模从简单到庞大,从正式到随意,从低档到高档,它们都会有其存在的必然性及相应的顾客群体。这当中某种熟悉的行为可能使预期的顾客认识到餐馆的特点并帮助满足他们的愿望。快餐店应该有明亮的光线和色彩,以体现快节奏、高效率的气氛;豪华餐馆要求亮丽的颜色、昂贵的材料、柔和的灯光以及安静的气氛。供应食物的特色也可以通过颜色、材料和细节的选择表达出来。

餐饮空间设计中,功能的组织是设计师最应该优先考虑的问题。餐饮空间应满足商业行为进行演绎的环境需要,即功能的商业性。合理的功能空间、平面布局才可以更好地用设计语言来阐述,也更有效地便于材质的表现、配饰与家具的选择,所有附加的形式美的符号,在功能完整的餐饮空间里显得落落大方、合情合理。其次,餐饮空间设计还需要合理的光环境和声环境。实践证明,良好的光环境,毫不夸张地说与经营的好坏有直接的关系。食物的颜色是通过光线传递到顾客的眼睛里的,即所谓形、色。此外,餐饮空间的适度照明同时又是减少噪声行之有效的方法。就餐环境的光线越亮,不良的噪声环境就越容易形成,同时,过亮或过暗的灯光效果,又使就餐环境显得不够合理。因为餐饮空间的自然照度往往不够,更多依靠人工照明来解决问题,所以巧妙布置灯效,会使餐饮空间变得丰富起来。设计时还要考虑规划的错落与灯光的有机结合,从而达到有效控制噪声的作用,营造良好的光、声餐饮空间环境。

餐饮空间主要包括快餐厅、宴会厅、西餐厅、中餐厅、酒吧、咖啡厅、茶馆等等。设计餐饮空间需要正确的功能组织,以及光效和声音环境的设计驾驭。

◎ 快餐厅主要分为中式和西式快餐厅,中式的以快餐形式供应中国传统的小吃或比较方便简单的饭菜,西式快餐厅多为以麦当劳、肯德基、赛百味等为代表的连锁店的形式。由于为这类餐饮空间的性质多为连锁店,快餐厅设计因此要求突出快餐的相关要求,还要注意品牌特点,如家具的式样、规格、颜色等。整个餐厅设计要求环境整洁卫生,色彩明亮大方。

◎ 西餐厅的风格自然是西式的,又有欧式、古典、现代等的分别,但一般的都设有散座和吧台,有的还有包间。平面空间布局相互联通又各自独立,空间完整而又有层次。古典的立面多数按西方古典建筑的手法处理,通过陈设品来突出餐厅的格调和主题。

◎ 中餐厅根据餐厅的规模大小,一般设有迎宾台、门厅休息处、散座、包间、收款台与酒吧台,有的还有舞台等,设计风格在中式的基础上,根据不同的餐厅主题设计包间和大厅散座。

◎ 酒吧的形式越来越多元化,有主题酒吧,但是总体来讲设计与西餐厅的设计有些相像,但是更加突出空间的个性特征。灯光色彩一般较暗,更加注重营造空间的气氛。

◎ 咖啡厅和西餐厅的设计有些相似,只不过空间相对更小,一般多为欧式的设计,或古典,或现代。

平面示意图

　　此空间为茶餐厅，设计主要营造了一种古朴的环境氛围，青石板铺地，保留树木原来形状的围合空间，通过对室内空间细部的刻画，使空间的整体感觉更加精致、温馨。家具的选择也使室内气氛活跃起来。天然的木材引入室内，使整个空间犹如回归大自然。色彩运用丰富多变。

纸　张：硫酸纸/复印纸
工　具：绘图笔/滚珠笔

纸 张：硫酸纸/复印纸

工 具：绘图笔/滚珠笔、酒
精马克笔、水溶彩
色铅笔、高光笔

纸 张：硫酸纸/复印纸
工 具：绘图笔/滚珠笔

　　此餐厅空间中，餐桌设计的弧形主要表现了一种现代感的环境氛围，通过对整体色调的把握，使室内空间的整体感觉更加和谐一致，家具的选择也使得室内气氛活跃起来。重点照明同餐桌对应，同时成为一种装饰，十分别致。

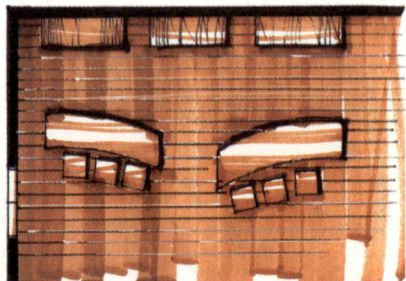

平面示意图

纸 张：硫酸纸/复印纸
工 具：绘图笔/滚珠笔、酒精马克笔、水溶彩色铅笔、高光笔

餐饮空间

116

纸 张：硫酸纸／复印纸
工 具：绘图笔／滚珠笔

平面示意图

该餐饮空间采用
弧线形的局部围合空
间处理形式，同时对
顾客起到了一定的导
向作用。顶棚的处理
使空间形式更加丰
富，形成错落有致的
空间布局。色彩的使
用和谐统一，淡淡的
粉色使空间更加温
馨、浪漫。

纸 张：硫酸纸／复印
　　　　纸
工 具：绘图笔／滚珠
　　　　笔、酒精马
　　　　克笔、水溶
　　　　彩色铅笔

117

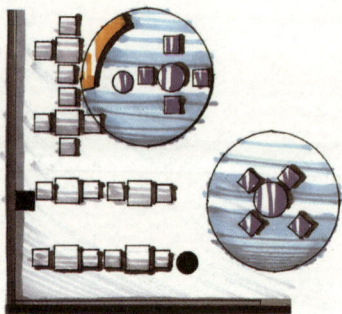

平面示意图

纸 张：硫酸纸/复印纸
工 具：绘图笔/滚珠笔

　　该餐饮空间在一个封闭的直线空间中，采用大的圆形吊顶和地面铺装的变化暗示出一个个小的餐饮空间，重叠的圆形吊顶增强了空间的节奏，烘托了室内气氛，不规则的柱体增添了空间的情趣。弧形墙面的出现，巧妙地分隔了用餐区域。

纸 张：硫酸纸/复
　　　印纸
工 具：绘图笔/滚
　　　珠笔、酒精
　　　马克笔、
　　　水溶彩色铅
　　　笔、高光笔

纸 张：硫酸纸/复印纸
工 具：绘图笔/滚珠笔

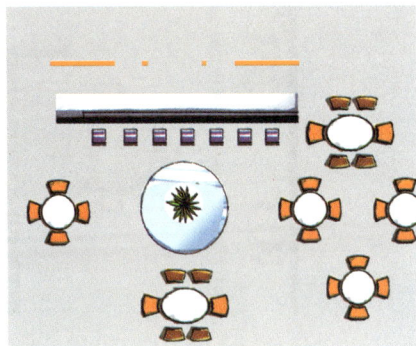

平面示意图

　　该餐饮空间以重复的元素来体现节奏感，通过家具的色彩转换，巧妙划分不同的就餐区域。用圆形的吊灯烘托了空间气氛，巧妙地采用中国园林中的框景的语言，独立而重复出现的隔断充满了韵律感。

纸 张：硫酸纸/
　　　 复印纸
工 具：绘图笔/
　　　 滚珠笔、
　　　 酒精马克
　　　 笔、水溶
　　　 彩色铅笔

119

平面示意图

纸 张：硫酸纸／复印纸
工 具：绘图笔／滚珠笔

该餐饮空间旨在营造一种韵律感。井然有序的隔断，既分割了用餐区域，又为顾客起到了很好的导向作用，半圆形酒吧吊顶充满了动感，为整个空间注入了活力与情趣。

纸 张：硫酸纸／复印纸
工 具：绘图笔／滚珠笔、酒精马克笔、
　　　　水溶彩色铅笔、高光笔

餐饮空间

该餐饮空间装饰原有的柱式结构，由一系列桌椅完成空间划分。整体采用暖色调营造了节日的喜庆气氛，空间结构整体而有层次，室内装置物及摆设也有效地点缀了空间。

纸　张：硫酸纸/复印纸
工　具：绘图笔/滚珠笔

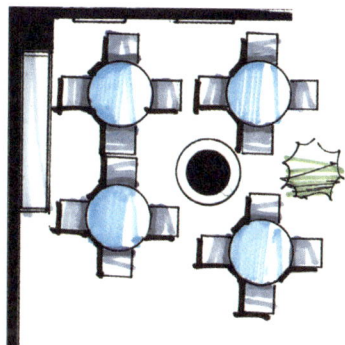

平面示意图

纸　张：硫酸纸/复印纸
工　具：绘图笔/滚珠笔、酒精马克笔
　　　　水溶彩色铅笔、高光笔

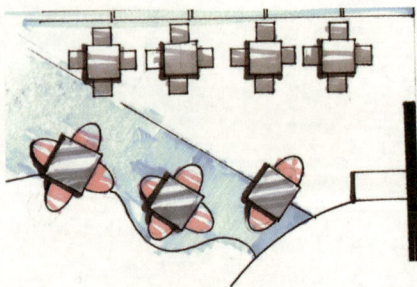
平面示意图

该餐饮空间充分利用大面积玻璃窗的自然采光，使室内外景色融为一体，为室内提供了很好的光源。整体空间简约、清新，充满了自然的味道。粉红色的沙发成为空间中的主旋律。

纸　张：硫酸纸/复印纸
工　具：绘图笔/滚珠笔

纸　张：硫酸纸/复印纸
工　具：绘图笔/滚珠笔、酒精马克笔、水溶彩色铅笔

纸 张：硫酸纸／复印纸
工 具：绘图笔／滚珠笔

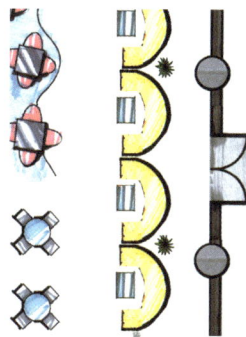

平面示意图

　　波浪式的吊顶蜿蜒起伏，使该餐饮空间最大的特点就在于空间的灵动。明亮的黄色使空间更加明快，充满了年轻的气息。系列的沙发组合，形成了整个空间的序列。

纸 张：硫酸纸／复印纸
工 具：绘图笔／滚珠笔、酒精马克笔、
　　　　水溶彩色铅笔、高光笔

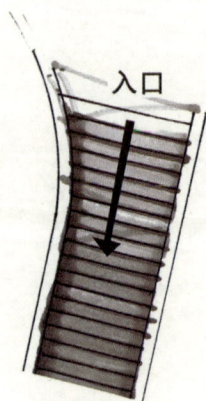

入口

平面示意图

该空间为餐饮空间中的通道，狭长的空间，形成强烈的视觉效果，而两侧墙壁涂鸦的装饰图案又成为第二道亮丽的风景线。吊顶采用不规则形状的折线设计，为空间增添了灵动飞舞的节奏感。在狭长的空间地带，制造了无限的遐想。

纸　张：硫酸纸／复印纸
工　具：绘图笔／滚珠笔

纸　张：硫酸纸／复印纸
工　具：绘图笔／滚珠笔、酒精马克笔、
　　　　水溶彩色铅笔、高光笔

餐饮空间

124

纸 张：硫酸纸／复印纸
工 具：绘图笔／滚珠笔

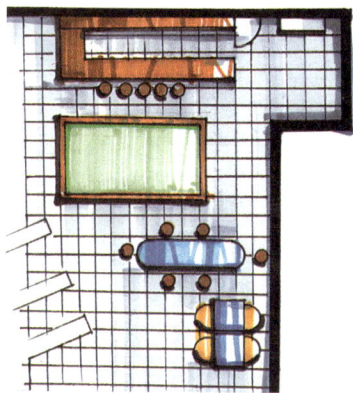

平面示意图

该空间为俱乐部的餐
饮空间，以丰富的色彩活
跃了气氛，弧形的吧台设
计方便来往的顾客。选用
玻璃材质的餐桌使就餐气
氛显得轻松、愉悦。地砖
采用不规则形式，带有导
向性。

纸 张：硫酸纸／复印纸
工 具：绘图笔／滚珠笔、
　　　酒精马克笔、水溶
　　　彩色铅笔、高光笔

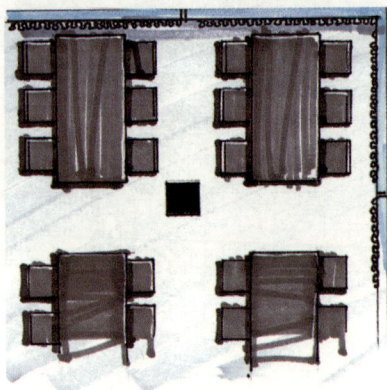
平面示意图

餐饮空间

纸 张：硫酸纸/复印纸
工 具：绘图笔/滚珠笔

该餐饮空间装饰风格为中式后现代，消费群体定位相对较高，室内陈设尽显高雅的格调，黑色、玫瑰红色的强烈色彩使空间显得更加雅致。高靠背椅、高花瓶、深黑色的木制家具、深玫瑰红色的软包、浅粉色纱的窗帘、落地的长窗，一切使空间统一而高雅。

纸 张：硫酸纸/复印纸
工 具：绘图笔/滚珠笔、酒精马克笔、
　　　　水溶彩色铅笔、高光笔

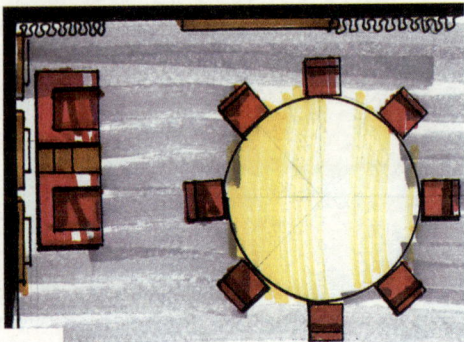

平面示意图

纸　张：硫酸纸/复印纸
工　具：绘图笔/滚珠笔

餐饮空间

该空间为独立的就餐环境，色彩对比强烈，落地的玻璃窗为室内提供了良好的光照条件。绿色植物的点缀作用恰到好处。吊顶简洁采用直线条处理，雍容大方，与地毯的曲线纹理形成对比。

纸　张：硫酸纸/复印纸
工　具：绘图笔／滚珠笔、酒精马克笔

餐厅的入口，清新的就餐环境里，前台的处理成为空间着眼点。黄色的隔断墙为半围合空间与红色的实体前台形成强烈对比。

纸 张：硫酸纸／复印纸
工 具：绘图笔／滚珠笔

平面示意图

纸 张：硫酸纸／复印纸
工 具：绘图笔／滚珠笔、酒精马克笔

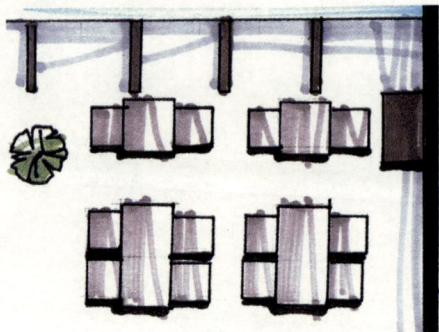

平面示意图

该空间为格调高雅的就餐环境，采用黑白灰为主色调，将空间塑造得优雅而大气。落地玻璃窗提供了层次清晰的空间和适宜光照。整体空间明快清新色调统一，优雅舒适。

纸　张：硫酸纸/复印纸
工　具：绘图笔/滚珠笔

纸　张：硫酸纸/复印纸
工　具：绘图笔/滚珠笔、酒精马克笔、
　　　　水溶彩色铅笔

该空间充满了梦幻游戏情调，通过多种元素的叠加提升了就餐环境的魅力。室内台阶的运用塑造了高低空间，划分了不同功能的区域，为整体空间提供了很好的导向性。同时色彩的运用大胆，收到很好的视觉效果。

纸 张：硫酸纸/复印纸
工 具：绘图笔/滚珠笔

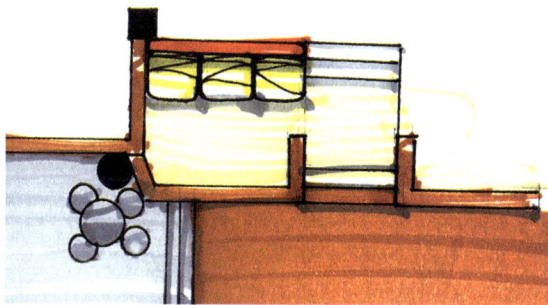

平面示意图

纸 张：硫酸纸/复印纸
工 具：绘图笔/滚珠笔、酒精马克笔、水溶彩色铅笔、高光笔

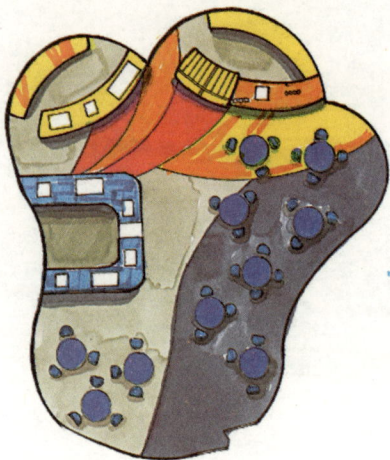

平面示意图

　　五彩斑斓的餐饮空间使
人犹如回到了梦幻般的童话
世界。空间最大的特点在于
对色彩的充分利用，有平面
美术的特点，通过颜色搭配
很巧妙地装饰了整个空间。
局部的装饰画点缀了空间，
活跃了整体空间氛围。

纸　张：硫酸纸/复印纸
工　具：绘图笔/滚珠笔

纸 张：复印纸
工 具：绘图笔／滚珠
　　　笔、水粉、
　　　高光笔

平面示意图

纸 张：硫酸纸/复印纸
工 具：绘图笔/滚珠笔

落地的大玻璃窗为室内提供充足的光线，使整个大堂吧显得明快、气派。错落有致的吊灯，古典造型的座椅，整体空间塑造了现代和古典交融的情调。

纸 张：硫酸纸/复印纸
工 具：绘图笔/滚珠笔、酒精马克笔、水溶彩色铅笔

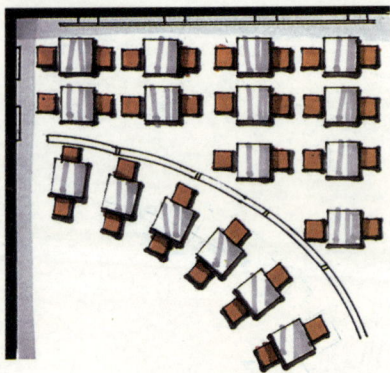

平面示意图

此餐饮空间最有吸引力的莫过于吊顶和隔断的设计，同时室内陈设灯具的选用成为划分功能区域的最佳方式。简洁的栏杆，极简的家具，与吊顶的复杂图案形成对比。空间中的地台式空间自然地分隔并丰富了空间。

纸 张： 硫酸纸/复印纸
工 具： 绘图笔/滚珠笔

纸 张： 硫酸纸/复印纸
工 具： 绘图笔/滚珠笔、酒精马克笔、水溶彩色铅笔、高光笔

餐饮空间

（Lofts）最初是为工业使用而建造的，后又用于家庭居住的生活空间。今天，如果不是中产阶级中的精英以及建筑师和设计师们的关注，我们很难想像阁楼现在的状况和早期采取阁楼生活方式的先锋人物们所倡导的理想。阁楼生活是20世纪50年代由贫困的艺术家们，在纽约租用以前的工业建筑遗址开始的。因为其低廉的租金，以及足够大的开敞自由的空间可以生活和工作。在1850年的纽约的SOHO区的Loft的铸铁框架建筑首先得到官方的认可。阁楼运动的理念也进入柏林和伦敦等文化中心，先锋人物们通过把这些建筑变成自己的住宅来保存这些建筑。成功的中产阶级同社会的主流趋势背道而驰，搬进衰败的工业建筑空间居住。20世纪60年代以来，建筑师把阁楼的生活理念作为一种同样优秀的、具有创造性的生活方式来进行传播。阁楼现在成为一种最为多样的，但也是最有争议的国际化的建筑类型。发展商在几乎每一个拥有大量衰败工业建筑的城市中——其中包括巴塞罗那、柏林、芝加哥、曼彻斯特、巴黎等开始改造建筑并把他们商业化，以框架单元来出售Loft空间。阁楼运动在其他类型的建筑上已经产生了广泛的影响，例如画廊、商场、酒吧，甚至住宅。

经过设计的Loft空间可以是一个大工作室，带有卫生间、厨房和休息室，也可以是豪华的住宅。除了空间宽敞外，它和传统的公寓相差无几，Loft特有大空间于社交聚会、表演和展览时，特别需要适当的家具和陈设。许多典型的Loft设计中，住宅构件面积并不大，简单的材料、鲜艳的颜色、不加修饰的家具显得特别得体，巨幅装饰画和其他艺术品的陈设也别具特色。

Loft空间就是一个简单的开敞空间，没有任何装饰，用于制造业或作贮藏。典型Loft空间很大，窗户很多，保留着工房建筑的一些细节特征，如暴露的木头或铸铁柱子、裸露的横梁、锡皮的金属屋顶以及一些相当粗糙的供热和照明设备。当然，空间并没有分隔成正常的房间，新来的用户和他们的设计师可在符合建筑规范和预算的前提下，增加厨房、卫生间、贮藏间等，使整个空间更实用、舒适。

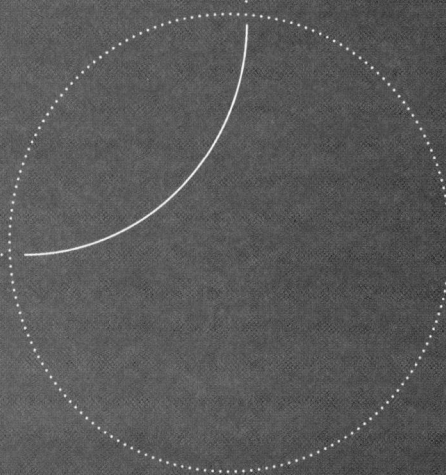

LOFT KONGJIAN LOFT空间

此Loft空间设计看上去很有趣味，主要体现在旋转楼梯的位置及整体格局上。功能上是会客起居之用，视听设备隐藏于墙体，暴露的柱梁、散热器未加任何修饰，与铁架楼梯的韵律，有异曲同工之妙。楼梯前的墙面颜色绚丽明快，整体的色调非常温馨。

纸 张：硫酸纸/复印纸
工 具：绘图笔/滚珠笔、酒精马克笔、水溶彩色铅笔

纸 张：硫酸纸/复印纸
工 具：绘图笔/滚珠笔

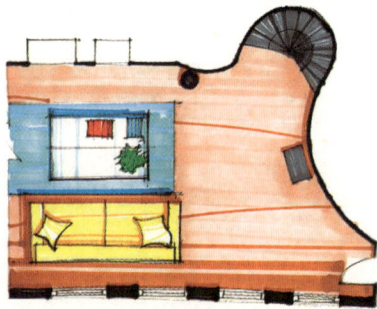

平面示意图

LOFT空间

138

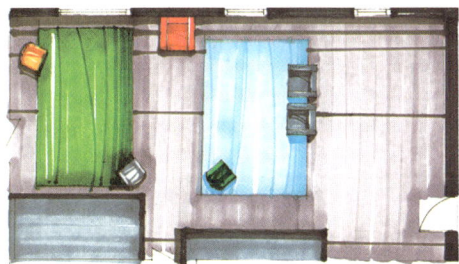

平面示意图

纸 张：硫酸纸／复印纸
工 具：绘图笔／滚珠笔

该Loft空间为一个小型的画廊，突出Loft空间的特点，没有修饰的梁柱、墙壁，形式简洁，色彩运用大胆，局部选用红色的休息沙发和绿色的背景墙互补，张扬而不凌乱。使空间显得更有层次感。局部的装置和地毯使整个空间的气氛更为活跃。

纸 张：硫酸纸／复印纸
工 具：绘图笔／滚珠笔、酒精马克笔、水溶彩色铅笔、高光笔

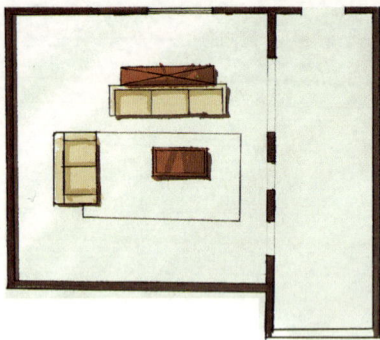

平面示意图

140

纸 张：硫酸纸/复印纸
工 具：绘图笔/滚珠笔

鲜亮活跃的色彩
营造出了浓郁的异域
室内风格。细节陈设
的选用和搭配方式很
独特。灯光耀眼更凸
显墙面饱和的颜色，
靠垫运用玫瑰色绸缎
面，在整个室内的颜
色搭配中起到画龙点
睛的作用。

纸 张： 硫酸纸/复印纸
工 具： 绘图笔/滚珠笔、酒精马克笔、
水溶彩色铅笔、高光笔

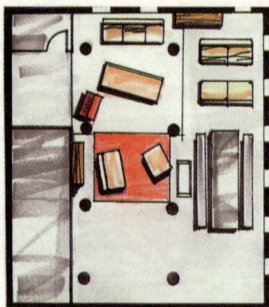

平面示意图

纸 张：硫酸纸/复印纸
工 具：绘图笔/滚珠笔

　　整体色泽古朴大方，空间宽敞开放，没有特别限定的空间分隔。顶面采用原木色的实木板材，增添了空间的单纯的自然淳朴。整个设计都给人一种自由的感觉。这些深色铸铁的装饰柱子不仅是一种装饰，同时组成了一个视觉中心，围合了一个休闲空间。红色的地毯使这个Loft空间更加有人情味。

纸 张：硫酸纸/复印纸
工 具：绘图笔/滚珠笔、酒精马克笔、水溶彩色铅笔、高光笔

此空间的感觉清新淡雅，结构框架同时也成为室内的装饰形式。自然暴露的梁柱、楼梯和垂下来的欧式装饰灯使室内上部空间感觉不至于太空旷。家具和陈设的选用使整个室内显得温馨浪漫。

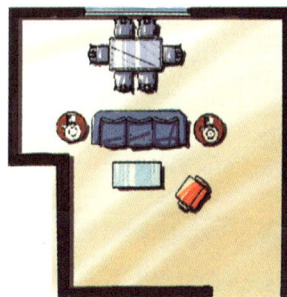

平面示意图

纸 张：硫酸纸/复印纸
工 具：绘图笔/滚珠笔

纸 张：硫酸纸/复印纸
工 具：绘图笔/滚珠笔、酒精马克笔、水溶彩色铅笔、高光笔

143

原建筑的顶棚随着屋顶的走势所呈现出的感觉比一般的平屋顶更加宏伟宽敞。室内的空间分隔用大面积的玻璃划分功能空间，铁框架的流露使顶棚装饰显得不单调，同地面满铺木地板对应。色彩的运用稳重朴实。

纸 张：硫酸纸／复印纸
工 具：绘图笔／滚珠笔

平面示意图

纸 张：硫酸纸／复印纸
工 具：绘图笔／滚珠笔、酒精马克笔、
       水溶彩色铅笔、高光笔

LOFT空间

该Loft空间为居住空间的书房，室内明亮清新，设计摆满了古典中式的陈设，横梁的外露和窗子的形式都是中西合璧的感觉，陈设和灯饰使空间呈现出一股现代中国风的味道。阳光与格调和颜色的搭配，气氛感觉温馨融融。

纸　张：硫酸纸/复印纸
工　具：绘图笔/滚珠笔

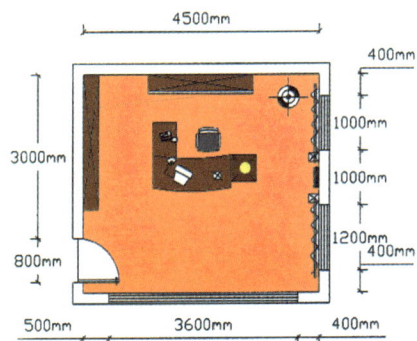

4500mm

400mm

3000mm

1000mm

1000mm

1200mm
400mm

800mm

500mm　　3600mm　　400mm

平面示意图

纸　张：硫酸纸/复印纸
工　具：绘图笔/滚珠笔、酒精马克笔、水溶彩色铅笔、高光笔

平面示意图

纸 张：硫酸纸／有色纸
工 具：绘图笔／滚珠笔

146

此Loft空间设计最有特点的地方就是利用足够的空间高度，用楼梯的形式和采用不同的高度做室内布局的分隔。这种分隔使空间显得更有层次且更有灵动感，趣味十足。楼梯旁的大窗让空间更加明亮，有风景可看，原本色彩淡雅的空间更加清新。

纸 张：硫酸纸／有色纸
工 具：绘图笔／滚珠笔、水性马克笔

此Loft空间为一个现代风格的办公空间，外露的管道、倾斜而弯曲的墙面、特色的可以移动的桌椅和工作灯，使整个空间的设计感觉大胆。更多地考虑了功能作用的体现，木质和金属的对比使色彩在对比中显示出整体感。

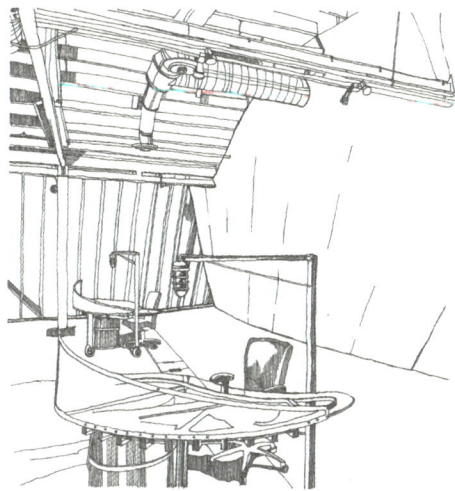

纸　张：硫酸纸/复印纸
工　具：绘图笔/滚珠笔

平面示意图

纸　张：硫酸纸/复印纸
工　具：绘图笔/滚珠笔、酒精马
　　　　克笔、水溶彩色铅笔、
　　　　高光笔

该Loft空间高耸狭长，楼梯形势蜿蜒有趣，开窗的位置新颖别致且有韵味，窗影投落在地面和墙角，使空间内营造出另一个空间的氛围。整体颜色趋于朴素整洁，也有点对鲜艳色彩的"调侃"。

平面示意图

纸　张：硫酸纸/复印纸
工　具：绘图笔/滚珠笔、酒精马克笔、水溶彩色铅笔、高光笔

纸　张：硫酸纸/复印纸
工　具：绘图笔/滚珠笔

这是一个活泼的Loft空间的居家空间，简单的空间从繁多的小吊灯、靠垫以及其他陈设中塑造了一个很有生活气氛的起居室，连作为配角的颜色也那么漂亮鲜明。

纸　张：硫酸纸/复印纸
工　具：绘图笔/滚珠笔

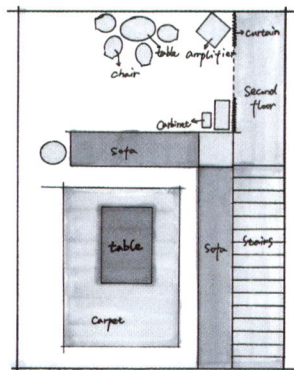

平面示意图

纸　张：硫酸纸/复印纸
工　具：绘图笔/滚珠笔、酒精马
　　　　克笔、水溶彩色铅笔、
　　　　高光笔

平面示意图

　　该Loft空间为工作室，简单且宽敞明亮，颜色只有简单朴素的材料本色——木本色和水泥色，空间的气氛显得稳重而不喧哗。简单的桌椅摆设使行走自如。很多大大小小的画框作点缀，让空间显得更轻松闲适。

纸 张：硫酸纸/复印纸
工 具：绘图笔/滚珠笔

纸　张：硫酸纸／复印纸
工　具：绘图笔／滚珠笔、酒精马克笔、水溶彩色铅笔、高光笔

平面示意图

纸　张：硫酸纸/复印纸
工　具：绘图笔/滚珠笔

该Loft空间天窗和侧
窗采光宽敞明亮，室内保
留原建筑的特点，也呈现
出随意的艺术气氛，天窗
的作用毋庸置疑。陈设家
具的颜色将空间的布局区
分，原建筑的灰色和人为
的暖色的沙发区明显地分
出空间关系，营造的氛围
也十分舒适。

纸 张：硫酸纸/复印纸
工 具：绘图笔/滚珠笔、酒精马克笔
　　　　水溶彩色铅笔、高光笔

平面示意图

纸　张：硫酸纸／复印纸

工　具：绘图笔／滚珠笔

整个空间几乎没有装饰，保留原建筑的砖墙。粉刷为白色的墙面，用书柜简单地分隔了空间，所有的家具陈设和画板绘画工具构成了典型的Loft空间的风格，面积约为18平方米，"麻雀虽小，五脏俱全。"未加任何雕凿的古董式的电视机、皮制的工作椅、简单的工作台，一切存在都是设计。

纸　张：硫酸纸/复印纸
工　具：绘图笔/滚珠笔、酒精马克笔、水溶彩色铅笔、高光笔

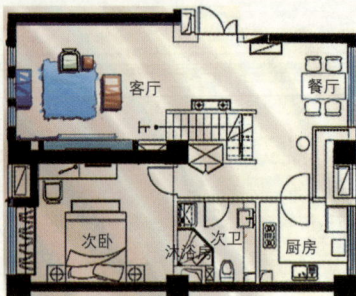

平面示意图

纸　张：硫酸纸／复印纸
工　具：绘图笔／滚珠笔

这个Loft空间也没有过多的装饰，整个墙体和框架几乎都外露，只是在主墙面上结合书柜做了一面水泥板墙，用的家具都是很原始的，却还是显得那么温馨舒适，灵动有趣。材质的颜色朴素且温暖。大的采光斜窗使楼上空间好像更接近天使之城。

纸　张：硫酸纸／复印纸
工　具：绘图笔／滚珠笔、酒精马克笔、水溶彩色铅笔、高光笔

LOFT空间

　　中国教育已进入一个新的发展时期，人们在关注如何创办优质或一流学校的同时，重建学校文化作为改变学校现状的有效途径开始步入人们的视野。教育设施空间作为学校文化中的表层文化即物质文化，越来越体现出它作为教育物质载体的综合性文化功能。杜威（J. Dewey, 1859~1952）曾说："想要改变一个人，必须先改变环境，环境改变了，人也就改变了。" 由此我们不难发现环境包括学校建筑对一个人发展的意义重大。公共教育设施空间比其他建筑更加充满魅力，实际上，高质量的室内设计可以提高公共教育设施空间的使用功能和精神面貌。即使是如图书馆、宿舍等场所，当它们的室内设计避免了颓废，而富有生气时，期间的功能的发挥也会更有效，甚至令人振奋，催人上进。现代调查显示，教育设施场所如果是高质量的设计，一方面能提高效率，使教育更富有成效；另一方面，它能为工作人员和专业人员提供愉快而有创造性的生活。教育设施场所一般包括学校、幼儿园、托儿所等。设计学校教育设施空间，包括宿舍、教室、食堂、图书馆、办公室等，应在满足空间的使用功能的基础上，提供良好的灯光、音响、色彩和就座空间。还应考虑利于教学改革的需要及现代化的高科技教学设施的应用。为幼儿设计教育空间时，还应该特别注意台阶物体的边角、教具、家具门窗等处的细部设计；在选择材料和色彩时，设计者应该考虑便于清扫和保持材料明亮的原色等等。

　　当前世界上学校教育设施空间的设计理念不仅需要配备以多功能为目标、自由度很高的空间，同时，还要从各种活动与场地的利用方法方面，提供可供亲自动手的学习空间，这要求学校教学空间的规划和设计必须能够生动而又具体地反映出学习需求。另一方面，实施开放教育必须以开放空间为首要条件，必须使学校教学空间多元、充满活力。欧美的学校教育开放空间的规划与设计，跳出传统"盒子群"的空间格局，开始偏重以教学群的概念来贯穿；或在一个教室里设置多目的空间，或拆除班级隔墙，替以隔板、低柜、屏风等灵活多样的教学空间设计，满足新式教育教学理念的需要。

　　因此在学校教育设施空间的设计中：

　　首先，应重视学生社交能力的培养，从这个维度而言，教学面已扩展到教室以外的公共场所，注重在学校建筑中增加学生集会活动或交往的场所，或称作"学生中心"。

　　其次，学校生活环境的设计体现以下特征：

　　温暖：建材及家具大多选择木材，质感自然而朴实，给人良好的触觉，让学生回归自然，体验温馨。摆脱以往一边倒的利用混凝土作为建筑材料，"水泥森林"往往产生令人乏味的缺乏生气的空间感。另外，其他素材颜色也多用暖色系，让学生体验"家"的感觉。

　　舒适方便：屋顶挑高便于采光，宽敞、明亮又可节省能源。落地门窗没有视觉障碍，花木扶疏，映入眼帘。室内装设取暖设施，使学生在严冬里活动自如。把厕所改造成整洁卫生的场所，成为学生们心中一个令人愉悦、心情舒畅的空间。

　　再次，在学校建筑设计中，需要注重学校建筑的环保设计，把对学生的环境教育体现在学校建筑本身设计上。在学校建筑设计中，要注重对历史的继承，要体现本学校特有的学校文化，秉承传统，开拓未来，有机融合学校的过去与现实，让学校建筑成为历史与现实的结合体。

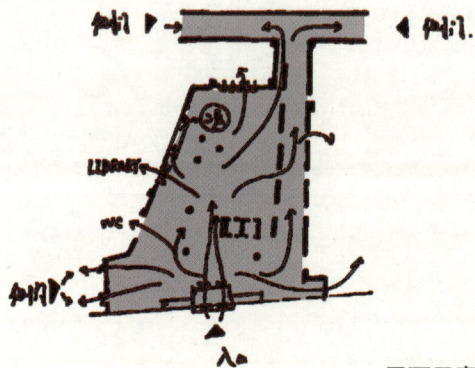

平面示意图

纸　张：硫酸纸／复印纸
工　具：绘图笔／滚珠笔

　　此公共教育设施空间为清华大学美术学院的教学楼，设计者"为艺术家们做背景，为他们做画布，为他们搭建展示艺术的舞台，这是设计的最终目标与结果"。因此，整体风格应是淳朴、简约、自然的，同时特别强调合理的功能性与完美的细部处理，以此来强化整个建筑的完美化。整个室内空间是白与灰的文雅色调，局部出现质朴自然的材料，比如木材、水泥板、铁板及铁制的扶手等一系列材料，地面是毛面的石材。

纸　张：硫酸纸／复
　　　　印纸
工　具：绘图笔／滚
　　　　珠笔、酒精
　　　　马克笔、水
　　　　溶彩色铅
　　　　笔、高光笔

教育设施空间

此空间的元素造型非常简洁，其中空间玻璃圆柱和底面的结构柱同时也起到装饰的作用，使整个空间活跃起来，实体空间中的圆柱体的玻璃空间使宁静中散发出灵动的感觉。

纸　张：硫酸纸/复印纸
工　具：绘图笔/滚珠笔、酒精马克笔、水溶彩色铅笔

纸　张：硫酸纸/复印纸
工　具：绘图笔/滚珠笔

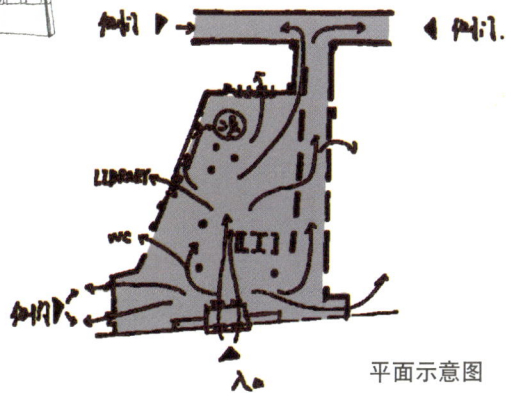

平面示意图

纸 张：硫酸纸/复印纸
工 具：绘图笔/滚珠笔

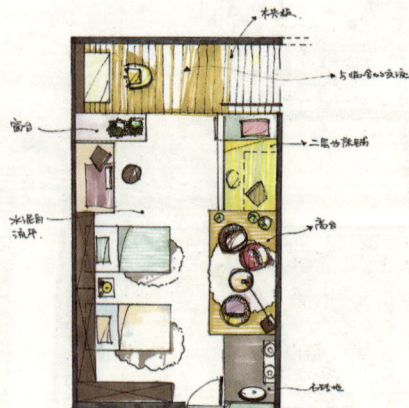

平面示意图

　　此空间为研究生宿舍的设计，平面布局主要在其功能的表达上，一个小空间包括了学习、工作、生活的必需，三个人的生活起居包括其中，简单的装饰也更体现出其功能的特点。色彩的选用更加贴近居家的温馨色彩。选用了藤编材料的灯饰、椅子，使空间更加人性化。

纸 张：硫酸纸/复印纸
工 具：绘图笔/滚珠笔、酒精马克笔、水溶彩色铅笔、高光笔

纸 张：硫酸纸/复印纸
工 具：绘图笔/滚珠
　　　笔、酒精马克
　　　笔、水溶彩色
　　　铅笔

　　该空间为宿舍改造，目的是在一个开敞的宿舍空间内设计出独立的个人空间，可以学习、休息、上网，每个个人空间给人一种封闭的感觉，独立而隐蔽，安静自如。为学生提供一种安静优雅的环境。弧形太空舱造型的空间给人一种前卫的超现实感，通过可以推拉的造型可以使空间的功能性发挥到最大的可能，学生可以通过攀登既是梯子又是扶手的构架到高架床上休息。

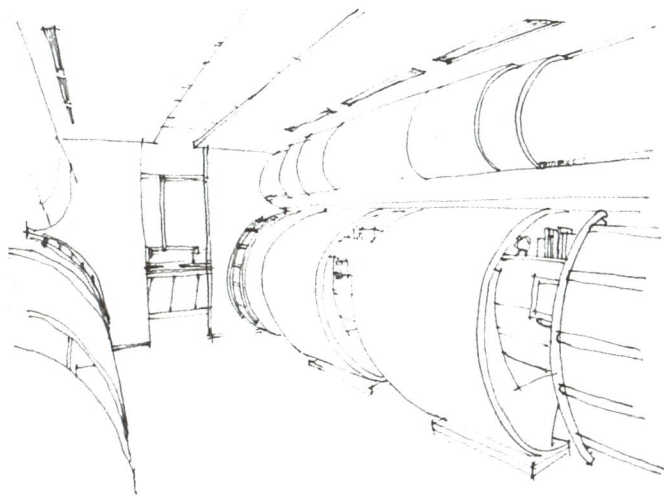

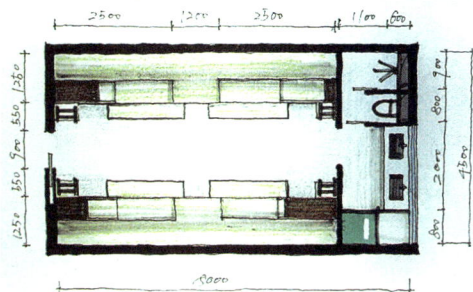

平面示意图

纸 张：硫酸纸/复印纸
工 具：绘图笔/滚珠笔

平面示意图

此空间为教育设施空间的交通公共空间，保留原建筑的框架结构，仿佛是一种随意的处理，黑色的框架使架空的顶棚更显得空阔，实际空间似乎比使用空间大了很多，休息座安排在空间的入口处，满足空间的功能性。木质和水泥模板的对比，还有地面运用，突出人们在其中的放松感觉。

纸 张：硫酸纸/复印纸
工 具：绘图笔/滚珠笔

纸 张：硫酸纸/复印纸
工 具：绘图笔/滚珠笔、酒精马克笔、水溶彩色铅笔

教育设施空间

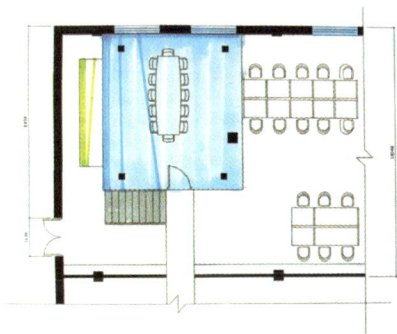

平面示意图

纸 张：硫酸纸/复印纸
工 具：绘图笔/滚珠笔

　　此空间是洛杉矶设计与经营学院的附属楼，这是一个粉色泡泡糖般的室内：接待区的粉色环氧树脂地板，背景墙上饰有粉色上浆尼龙网眼布的画幅，特制的粉色巴顿(Verner Panton)椅随处可见。这个空间满足了学校为自习和会议单独设计的空间，中层楼下有蓝色和绿色抽象仙人掌状的墙。设计师在工作室的上面建了一个水槽式的会议厅。钢骨架结构被特制的有色玻璃薄板围住，并用尼龙管照亮，成为这个教育空间设计的亮点，整个空间像一个梦幻的以波浪命名的蓝色世界。

纸 张：硫酸纸/复印纸
工 具：绘图笔/滚珠笔、酒精马克笔、水溶彩色铅笔、高光笔

163

这一区域里17平方英尺的阴影把带有由激光切割的乙烯基织物的室外和展开有油印椰子树的粗帆布的室内融合起来，让人联想起南加州的阳光，在这儿，铺有凹陷的蓝色垫的嵌入地面的池子完全是在召唤"比基尼"。四周有棕榈木的平台甲板上铺着可随意移动的白色乙烯的传统式躺椅，台面上还有笔记本电脑。为了加强室外感，设计者在上方悬挂了一片天空：想像一下处在方形灯浓浓阴影里，无云的热带蓝色天空中演示着椰子树的阴影轮廓(外部铺设打了孔的白色乙烯基织物)。除了椰子树平台和铺地毯的中层楼以外，附属建筑物两个部分的地板铺设镶嵌有石头的环氧树脂。顶棚露出——意味着设计者得去传递一种听觉流。作为回应，他用大面积的棉布画铺垫背景墙。在西方工作室靠近水槽的地方，一面墙展示着带黑色轮廓的有机模壳，这与白色的地面相对应。

平面示意图

纸 张：硫酸纸/复印纸
工 具：绘图笔/滚珠笔

纸 张：硫酸纸/复印纸
工 具：绘图笔/滚珠笔、酒精马克笔、水溶彩色铅笔、高光笔

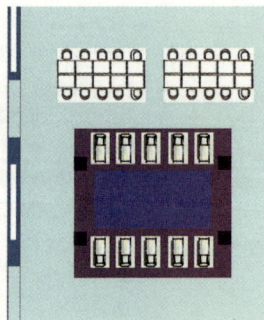

居住空间是人们日常生活、起居、睡眠、会客、娱乐、学习以及家务等的重要场所，具有一定的私密性。而现代社会快节奏的工作、生活，使人们希望有一个轻松、舒适、随意的居住环境。因此，居住空间中家具与陈设的选择与布置应满足以上使用要求和精神需求，而形成独具特色的居住环境。居住空间设计解决的是在小空间内如何使人居住、使用起来方便、舒适的问题。空间虽然不大，涉及的问题却很多，包括采光、照明、通风以及人体工程学等等，而且每一个问题都和人的日常起居关系密切。设计范围一般包括客厅、卧室、餐厅、书房、卫生间和厨房。对于居住空间的设计要注意以下几点：

1. 居住成员的人数、相互关系、年龄和性别；
2. 居住成员的民族和地区传统、特点、宗教信仰和文化背景；
3. 居住成员的个性爱好、生活方式和工作性质；
4. 居住成员的经济水平和消费趋向等。

居室的物质和精神功能应舒适温馨，满足居住成员的功能要求，适应使用特点和个性要求为依据；对设计者要求能以多风格层次，有个性故事的设计方案来满足不同的居住空间类别（公寓、独立住宅、别墅等）的设计要求。

由于生活水平的提高、科学技术的发展和设计理念的深化，居住空间的组成也在不断变化，从当前看，出现了两种特点的居住空间理论。

一种是空间的不断丰富，居住空间分区更为明确。当今的居住空间在解决生理分室的基础上，还要细化功能分室的问题，也就是空间的功能更为明确。这是针对大的空间（如别墅等）空间提出的，即为：首先是设计独立的客厅和家庭厅（起居室），如果空间允许，在别墅设计中也可以将家庭厅与客厅分开，分层设计。其次是设计独立的工作室，如书房、画室、琴房等。最后是设计明确分区的门厅、衣帽间、储藏间、洗衣房、视听室、娱乐室、茶室、阳光室和健身房等等。

另一种就是"自由空间"理论，王受之先生指出，随着人们生活质量的提升，购房者越来越关注居住文化和居住品质，居住空间的合理性也随之成为设计师及开发商必须面对的课题。"自由的使用空间是建筑产品的方向，只有做到一个空间兼具多种功能，居住者才可能享受到居住文化品质"。

现代建筑应该突出自由的使用空间，居住者开始希望自己的空间有很大的互动性，而不是只具有单一的功能，人们会越来越希望自己的生活能够实现和邻里、家庭成员的互动。特别是新生一代，他们或许不需要一个经典的客厅，可能只是在房间、卧室里需要一个上网的电视。也就是说居住空间为"自由空间"，其空间的功能性更为模糊：可变和多功能。

平面示意图

纸 张：硫酸纸/复印纸
工 具：绘图笔/滚珠笔

　　此空间是新古典主义的设计风格(改良的古典主义风格)，材质上使用了传统木制材质，描绘各个细节、色彩上运用了艳丽的风格，可以很强烈地感受传统痕迹与浑厚的文化底蕴，同时又摒弃了过于复杂的肌理和装饰，采用简化的线条。水晶灯具则将古典的繁复灯饰经过简化，让人置身于此空间内不会有臃肿乏味的感觉。

纸　张：硫酸纸/复印纸
工　具：绘图笔/滚珠笔、酒精马克笔、水溶彩色铅笔、高光笔

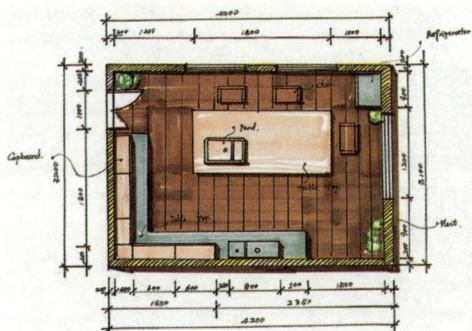

平面示意图

此空间为居住空间的厨房，基本上是L形布局，简约风格的木制橱柜，配上大理石地面，给忙碌的主妇带来亲近自然的体会和返璞归真的感觉。

纸　张：硫酸纸／复印纸
工　具：绘图笔／滚珠笔

纸　张：硫酸纸／复印纸
工　具：绘图笔／滚珠笔、酒精马克笔、
　　　　水溶彩色铅笔、高光笔

平面示意图

水泥自解地面

木地板

滤池

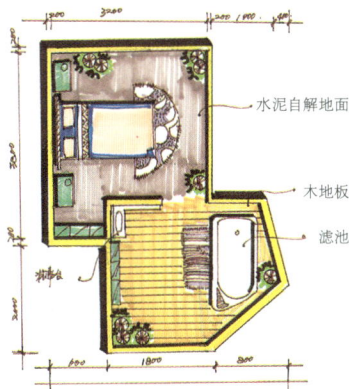

纸 张：硫酸纸/复印纸

工 具：绘图笔/滚珠笔

　　卫生间的设计，将浴盆、洗脸池、坐便器等洁具集中在了一个空间中，它的优点是节省空间，经济，管线布置简单。卫生间的墙面、地面均采用了防水的瓷砖，不但防水而且有利于清洁，在镜面的上方设置了照明器具，可使人在洗漱时面部有充足的照度，方便女主人化妆。卫生间设计满足现代、舒适、卫生、环保等标准。

纸 张：硫酸纸/复印纸

工 具：绘图笔/滚珠笔、酒精马克笔、水溶彩色铅笔、高光笔

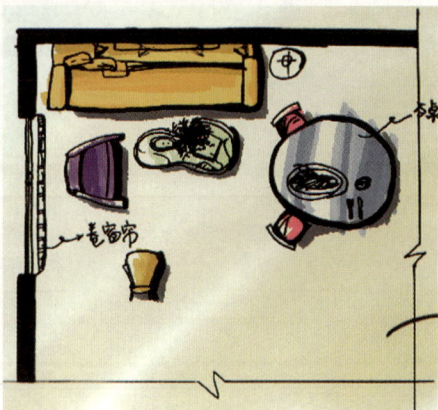

平面示意图

该居住空间充满了异国情调，注重自然材料的使用，空间舒适且充满情趣。家具造型夸张但舒适，采用艳丽的色彩突出独特而充满韵味的风格特征，整体空间像极了一篇华丽的乐章。

纸　张：硫酸纸/复印纸
工　具：绘图笔/滚珠笔

纸 张：硫酸纸/复印纸
工 具：绘图笔/滚珠笔、酒精马克笔、水溶彩色铅笔

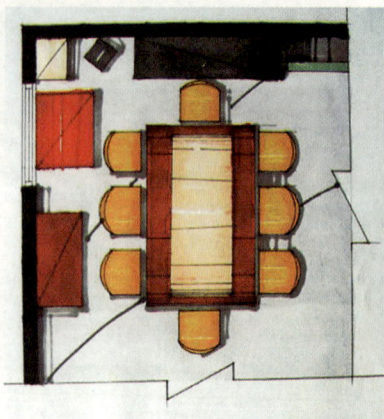

平面示意图

纸 张：硫酸纸/复印纸
工 具：绘图笔/滚珠笔

整个空间无论材料还是颜色都很有新意，胡桃木的餐桌、矮柜，原灰色的水泥柱，水泥自流平地面。餐厅装饰风格大气、极具个性，室内空间的色彩对比中求统一；功能设计非常合理。

纸　张：硫酸纸/复印纸
工　具：绘图笔/滚珠笔、酒精马克笔、水溶彩色铅笔、高光笔

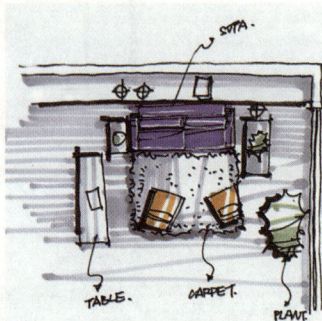

平面示意图

纸 张：硫酸纸/复印纸
工 具：绘图笔/滚珠笔

此起居空间好像在大方块空间里切割出小方块，如沙发、边桌，包括背景墙上的装饰画都是小方块，或前或后、姿态或高或低，不同程度地参与围合界定，获得开阔而层叠，阻隔而渗透的魅力空间，让在其中生活的主人获得非同一般的居住体验。还考虑了未来空间使用者增加变化的需要，随着时间的推移，居者通过对空间的变化改造，将发掘出其发展变化的潜力。

居住空间

174

纸 张：硫酸纸/复印纸
工 具：绘图笔/滚珠笔、酒精马克笔、水溶彩色铅笔、高光笔

平面示意图

纸 张：硫酸纸/复印纸
工 具：绘图笔/滚珠笔

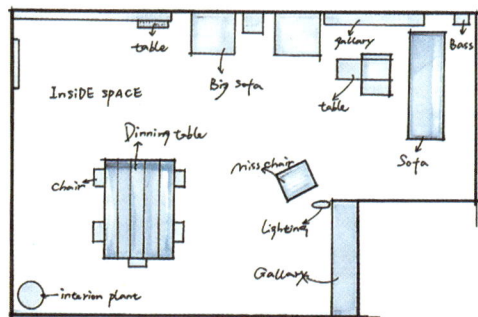

在这套设计方案中玻璃的多处运用给视觉以宽阔、通亮感，将其巧妙地和干花结合，自然又环保的感觉油然而生。门厅进门处的大面积玻璃隔断自然清新，客厅设计线条简洁、色彩纯朴，彩色装饰花与周围环境相呼应，给人一种舒适、温馨的感觉，犹如将室内融入到了大自然中，处处充满了清新和生机。本设计采用直线分隔，但色彩和沙发的运用使这个空间显得舒适得体。

纸 张：硫酸纸/复印纸
工 具：绘图笔/滚珠笔、酒精马克笔、水溶彩色铅笔、高光笔

175

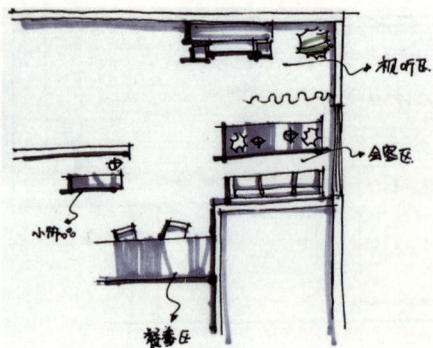

平面示意图

纸 张：硫酸纸／复印纸
工 具：绘图笔／滚珠笔

　　此空间的简约的风格，保留原建筑的柱子，未加过多的装饰，自然、色调单纯、空间区分简单的风格形成鲜明的对比。复杂的生活需要简单的空间来弱化，心中的情调需要单纯的配饰来体现。就好像这灰绿色的布帘使原本狭小的空间显得很悠闲但很有序。

纸 张：硫酸纸／复印纸
工 具：绘图笔／滚珠笔、酒精马克笔、水溶彩色铅笔

居住空间

平面示意图

纸 张：硫酸纸/复印纸
工 具：绘图笔/滚珠笔

　　新古典主义崇尚的依然是一如既往的舒适，没有复杂的隔断。整个空间以大面积的落地玻璃窗为主体，围绕着壁炉的休闲区在窗边开辟一个阅读空间，一个沙发、一盏地灯，营造充满人性的亲切，在墙角装点一束鲜花或是一盆绿色植物，将窗外景色引入室内，简单却又不失华丽的贵族气息。

纸 张：硫酸纸/复印纸
工 具：绘图笔/滚珠笔、
　　　　酒精马克笔、水溶
　　　　彩色铅笔、高光笔

此空间是当代中国居住空间很普遍的一种设计——中西合璧，设计用欧式的水晶灯、欧式的家具、布艺沙发围合成一个客厅，而邻接的空间就是餐桌椅构成的餐厅，其中的屏风和中文书法的陈设来勾勒东方古风中神清气朗、干脆利落的气质。而这种中古之风是通过一个个已抽象出的符号般的中式元素恰当地散布在空间中；而在这东方古韵之中巧妙地加入一些现代元素，使业主在对过去年代怀有眷恋之情的同时，也能享受现代的科技文明。

纸 张： 硫酸纸/复印纸
工 具： 绘图笔/滚珠笔、酒精马克笔、水溶彩色铅笔、高光笔

平面示意图

纸 张： 硫酸纸/复印纸
工 具： 绘图笔/滚珠笔

居住空间

178

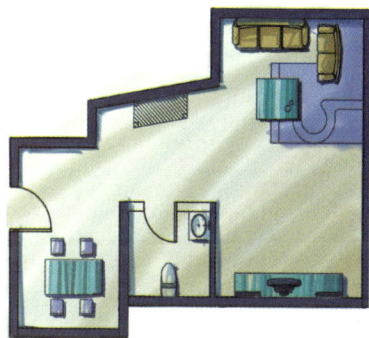

纸　张：硫酸纸／复印纸
工　具：绘图笔／滚珠笔

平面示意图

　　客厅的设计主要以整体简洁为主，不显拥挤又不失家的亲切，电视墙只做了一个简单的隔板，电视柜为地台式，其作用是为了不妨碍侧边的散热器及方便侧边放大的音箱。家具和门的材质选用胡桃木饰面，造型与电视柜及侧边的房门相呼应。 客厅的吊顶主要以直线二级吊顶及直线造型吊顶为主，贵妃椅样式的沙发组合使整个空间显得很舒适，配以较大面积的曲线地毯，打破了直线的僵硬，营造出一个温馨、亲切的会客空间。

纸　张：硫酸纸／复印纸
工　具：绘图笔／滚珠笔、酒精马克笔、水溶彩色铅笔、高光笔

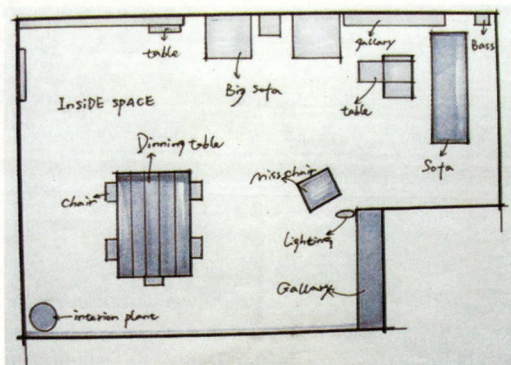

平面示意图

纸　张：硫酸纸/复印纸
工　具：绘图笔/滚珠笔

此起居室空间设计的简洁、古朴素雅。背景墙为视觉中心，采用大面积的文化石同陈设柜体结合在一起，统一的色彩、不同的材质形成动静的对比。家具的设计颇具特点，茶几为弧形原木质的，精致的靠垫是现代与传统的结合，茶几、沙发的选用体现一种简约而大气的特征，通过细节点缀了空间。

180

纸　张：硫酸纸/复印纸
工　具：绘图笔/滚珠笔、
　　　　酒精马克笔、水溶
　　　　彩色铅笔、高光笔

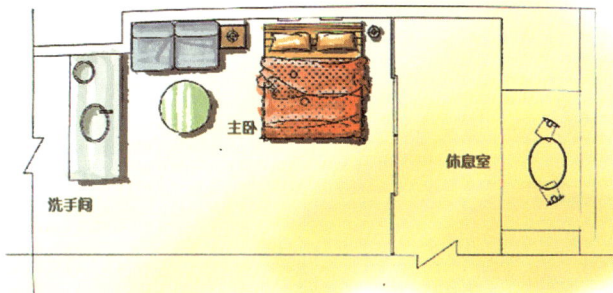

平面示意图

纸 张：硫酸纸/复印纸
工 具：绘图笔/滚珠笔

　　卧室的设计多了几分装饰感，采用大面积的玻璃增加现代感和通透性，主卧的卫生间区域也设计成开放的样式。更为特别的是，按摩浴缸放置到了开放的露台上。与主卧相连的，还有一个既可以被作为SPA或健身的区域，也可以被用作休息室或家庭室的地方，露台与浴缸与其仅有几步之遥。

纸 张：硫酸纸/复印纸
工 具：绘图笔／滚珠笔、酒精马克笔、水溶彩色铅笔、高光笔

此居住空间的设计简洁大方，家具的选用中西并用，红木的矮玫瑰椅，中式改良的回纹茶几，白色的拐角沙发上放着几个色彩艳丽的靠垫，设计师利用"减法"来简化空间设计，呈现给我们光影空间下的设计视角。

纸　张：硫酸纸／复印纸
工　具：绘图笔／滚珠笔

平面示意图

纸　张：硫酸纸／复印纸
工　具：绘图笔／滚珠笔、酒精马克笔、水溶彩色铅笔

客厅墙面全部用了白涂料和玻璃材质，电视背景也同样采用了黑色烤漆玻璃和镜面玻璃与米色涂料的结合，客厅家具与餐厅背景墙采用标志性的中国古典的红色，让整个空间形成一种活跃的效果，吊顶与空间的设计运用了比较现代化的设计，从而使整个空间呈现出简单大方的效果，也更能体现出现代化的设计风格与活跃的氛围。

纸 张：硫酸纸/复印纸
工 具：绘图笔/滚珠笔、酒精马克笔、水溶彩色铅笔、高光笔

平面示意图

纸 张：硫酸纸/复印纸
工 具：绘图笔/滚珠笔

平面示意图

纸 张：硫酸纸/复印纸
工 具：绘图笔/滚珠笔

纸 张：硫酸纸/复印纸
工 具：绘图笔/滚珠笔、酒精马克笔、
水溶彩色铅笔、高光笔

此客厅设计风格尽显异域特色。使用了古朴木制材质的茶几，文化石背景的壁炉既可以取暖又起到装饰效果。设计者精心描绘各个细节，色彩统一且又稳重，可以很强烈地感受传统痕迹与浑厚的文化底蕴，同时又摒弃了过于复杂的肌理和装饰，简化了线条。

米黄色、棕色作为主色充斥着整个空间，木材作为主材使家中四处洋溢着温馨的感觉。同时巧妙地将书柜和窗户结合设计，整个空间利用和谐大方，给人浪漫舒服的感觉。木结构的顶棚处理为空间提供了更好的获得自由呼吸的空间。

纸 张：硫酸纸/复印纸
工 具：绘图笔/滚珠笔、酒精马克笔、
水溶彩色铅笔、高光笔

纸 张：硫酸纸/复印纸
工 具：绘图笔/滚珠笔

平面示意图

185

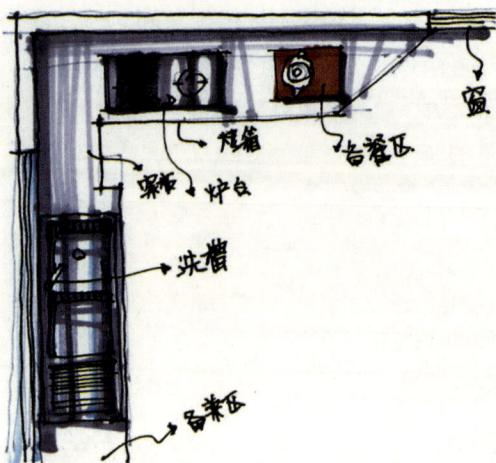

平面示意图

纸 张：硫酸纸/复印纸
工 具：绘图笔/滚珠笔

该空间是厨房空间，有些美国殖民地时期装饰风格的味道。以色彩的多姿多彩为亮点，使厨房空间充满了趣味性。该空间一改往日厨房空间的素雅风格，大面积红绿色的对比更显个性的活跃思维。整体色调也很和谐。

纸 张：硫酸纸／复印纸
工 具：绘图笔／滚珠笔、酒精马克笔、水溶彩色铅笔、高光笔

纸　张：硫酸纸／复
印纸

工　具：绘图笔／滚
珠笔、酒精
马克笔、水
溶彩色铅
笔、高光笔

居住空间

　　该空间是一个居住空间的露台，以大斜坡屋顶为主要特色，空间敞亮，有充足的光照。地面的高差处理有效地分隔空间，绿色植物的引入烘托了室内气氛，大面积木质材料的应用使空间更加返璞归真。不容置疑这里是夜晚纳凉、观星的好的地方。

平面示意图

纸　张：硫酸纸／复印纸

工　具：绘图笔／滚珠笔

平面示意图

纸 张：硫酸纸／复印纸
工 具：绘图笔／滚珠笔

　　厨房完全采取开放式设计，将厨房与餐厅相通的部分做成一个料理台。平时可作为小餐桌使用，朋友来做客，调几杯鸡尾酒，颇有些异国情调。这种时尚、休闲的生活方式很受年轻人的欢迎。厨房的开放式设计，映入眼帘的不仅是体面的厅堂，还有令人耳目一新的厨房，开放式厨房带来的空间感受更有冲击力。色彩鲜明的黄色与炉灶墙面的蓝色瓷砖，对比色的运用使厨房也因此变得更具时尚感、成为充满情趣的生活空间。

纸 张：硫酸纸／复
　　　　印纸
工 具：绘图笔／滚
　　　　珠笔、酒
　　　　精马克笔、
　　　　水溶彩色铅
　　　　笔、高光笔

189

纸 张：硫酸纸/复印纸
工 具：绘图笔/滚珠笔

纸 张：硫酸纸/复印纸
工 具：绘图笔/滚珠笔、酒精马克笔、水溶
彩色铅笔、高光笔

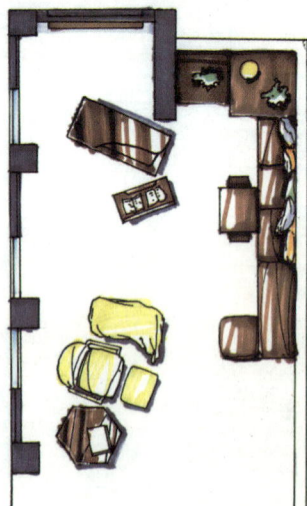

平面示意图

该空间就原建筑的斜坡屋顶，采用红砖、木材等建筑的基础材料元素作为主要的装饰材料，突出建筑本身纯朴的美感。家具的布置也是围绕着钢琴合理地安排了两组休息区。采用木质扶手沙发，使空间充满情趣，这同样体现在色彩的运用中。

主要参考文献

1. 陈国亮.中国医疗建筑设计的思考

2. [澳]Inages出版集团. 医疗建筑空间1 . 2003

3. 梁世英.室内空间设计.

4. [日] 小原二郎,加藤力,安藤正雄编.张黎明,袁逸倩译,高履泰校. 室内空间设计手册. 北京: 中国建筑工业出版社,2000

5. [美] J.L.弗里德曼,D.O.西尔斯,J.M.卡尔史密斯. 高地,高佳等译. 周先庚校. 社会心理学.哈尔滨: 黑龙江人民美术出版社, 1985

6. [美] 保罗·拉索著. 周文正译, 建筑表现手册. 北京: 中国建筑工业出版社, 2001

7. [美] 保罗·拉索著. 邱贤丰译. 陈光贤校. 图解思考. 北京: 中国建筑工业出版社, 1988

8. 彭一刚. 建筑空间组合论. 北京: 中国建筑工业出版社, 1998

9. [美] 弗朗西斯·D·K·钦 著. 周德侬, 方千里译. 建筑·形式·空间和秩序. 北京: 中国建筑工业出版社, 1987

10. [意] 布鲁诺·赛维 著. 张似赞译, 建筑空间论. 北京: 中国建筑工业出版社, 1985

11. 刘旭 著. 图解室内设计分析. 北京: 中国建筑工业出版社, 2007

12. [美] 卢安·尼森著. 陈德民等译. 美国室内设计通用教材. 上海: 上海人民美术出版社, 2001

13. [日] 渊上正幸编著. 覃力, 黄衍顺, 徐慧, 吴再兴译. 世界建筑师的思想和作品. 北京: 中国建筑工业出版社, 2000

14. 张绮曼, 郑曙旸主编. 室内设计资料集. 北京: 中国建筑工业出版社 1991

15. 郑曙旸主编. 室内设计程序. 北京: 中国建筑工业出版社, 1999

16. 来增祥, 陆震纬编著. 室内设计原理. 北京: 中国建筑工业出版社. 2001

17. [西班牙]LOFT出版公司编. Hotels Designer & Design. 大连: 大连理工大学出版社, 2002

18. 切沃著. 深圳市创福实业有限公司翻译部译. 餐饮空间设计. 北京: 北京出版社; 广州: 百通集团, 1999

19. [美]克里斯汀·理查德编. 商店及餐厅设计. 北京: 中国轻工业出版社

20. [英]费尔德, [英] 欧文著. 李瑞君译. Lofts 风格设计. 北京: 中国轻工业出版社,2002

21. [美]罗杰·易编. 张莉, 张应鹏译. 办公空间. 北京: 中国轻工业出版社, 2003

22. 韩国CA出版社编. 娱乐空间. 福建科学技术出版社, 2005

23. 韩国PLUS文化社. 医疗空间. 辽宁科学技术出版社, 2003

24. [意] domus 建筑艺术与室内设计. 北京: 中国建筑工业出版社

25. 室内设计网. www.interiordesign.net

26. [日]长泽悟, 中村勉著.国外建筑设计详图图集-10-教育设施[M].北京: 中国建筑工业出版社, 2004, 2.

27. 雅克.德落尔等著.教育——财富蕴藏其中[M] .北京: 教育科学出版社, 1996, 12.

28. 黄汇.国外中小学校建筑一瞥[J].世界建筑, 1986, 4.

29. [美]约翰.杜威著.王承绪译.民主主义与教育[M].北京: 人民教育出版社, 2001, 5.

30. 赵中建, 倪顺喜.从文化角度看学校图书馆建设[J].全球教育展望, 2004, 3.

31. 张宗尧, 李志民.中小学建筑设计[M].北京: 中国建筑工业出版社, 2000, 6.

32. 赵中建主编.学校文化[M].上海: 华东师范大学出版社, 2004, 10.

33. 日本文部科学省.文教设施施策.网址: www.mext.go.jp/a_menu/01_i.htm

后 记

我在英国读书的时候，所有有关设计绘图的作业，我的导师都会第一个找我做表现（Presentation），他们总是惊奇于中国人的绘画技巧和空间表现力，使我读书时能顺利许多。

读书时羡慕甚至可以说是忌妒欧洲学生学习的环境，博物馆、美术馆中文化精神的神奇力量，以致我所有的假期留恋于各个博物馆和美术馆中，希望能吸收多一点养分。在此我感谢在我这些年学习绘画和设计的过程中，给我帮助的家人、老师们、同学们、朋友们和书籍，等等。

在这本书的编写过程中，得到了一些设计界朋友的建议支持，其中特别感谢徐凯、邢海涛为本书提供部分平面图和说明。同时感谢在教学和实践中为本书提供图片的北京林业大学的已经毕业和即将毕业的设计师们！很难忘我们在一起成长的日子，很感谢你们曾给我的快乐和激情。

感谢本书的责任编辑中国建筑工业出版社的费海玲在本书的筹备过程中给予的帮助和支持！

真诚地希望本书对您有所帮助，并诚恳地接受大家的批评和意见！

再次感谢大家！

田 原
2009年2月